高等职业教育系列教材

UG NX 12.0 多轴数控编程与加工案例教程

主　编　张　浩　易良培

副主编　陈在良　易荷涵　伍玉琴　李望飞

参　编　孙兴港　牛俊领

机械工业出版社

本书开篇先介绍了机床结构及其加工特点、多轴编程基础知识，进而全面剖析了 UG 五轴联动编程技巧、UG 车铣复合编程技巧、Vericut 仿真使用、构建五轴后处理，最后介绍了口罩齿模编程与加工实例。书中用工业实例为导向进行编程技巧的讲解，对其他类型零件的多轴编程有很大的参考价值。在实例的设计、操作思路及步骤的表述中，将 UG NX 功能应用与实际应用充分结合，告诉读者如何将 UG NX 的多轴编程应用于实践。

本书可作为高职高专院校、应用型本科院校机械制造与自动化、数控技术、模具设计与制造、机电一体化技术等专业的课程教材，也可作为数控加工职业技能的培训教材，以及企业工程技术人员的工作参考书。

本书配套电子课件、源文件、教学视频（可扫描书中二维码直接观看）等资源，需要的教师可登录 www.cmpedu.com 进行免费注册，审核通过后下载，或联系编辑索取（微信：15910938545，电话：010-88379739）。

图书在版编目（CIP）数据

UG NX 12.0 多轴数控编程与加工案例教程 / 张浩，易良培主编. —北京：机械工业出版社，2020.9（2025.1 重印）

高等职业教育系列教材

ISBN 978-7-111-66171-9

Ⅰ. ①U… Ⅱ. ①张… ②易… Ⅲ. ①数控机床-程序设计-高等职业教育-教材 ②数控机床-加工-高等职业教育-教材 Ⅳ. ①TG659

中国版本图书馆 CIP 数据核字（2020）第 133128 号

机械工业出版社（北京市百万庄大街 22 号　邮政编码 100037）

策划编辑：曹帅鹏　　责任编辑：曹帅鹏
责任校对：张艳霞　　责任印制：常天培

河北鑫兆源印刷有限公司印刷

2025 年 1 月·第 1 版·第 8 次印刷
184mm×260mm·17.75 印张·435 千字
标准书号：ISBN 978-7-111-66171-9
定价：59.00 元

电话服务

客服电话：010-88361066
　　　　　010-88379833
　　　　　010-68326294

封底无防伪标均为盗版

网络服务

机 工 官 网：www.cmpbook.com
机 工 官 博：weibo.com/cmp1952
金 书 网：www.golden-book.com
机工教育服务网：www.cmpedu.com

前　言

UG NX 是一套集 CAD/CAE/CAM 于一体的产品工程解决方案，为用户的产品设计及加工过程提供了数字化造型和验证手段，满足用户在虚拟产品设计和工艺设计上的需求。UG NX 软件在航空、航天、汽车、通用机械、工业设备、医疗器械等领域得到了广泛应用。

UG NX 的 CAM 系统，不管是系统的稳定性、加工效率，还是成熟度，都是数控加工行业领先的，国内外市场占有率始终位居前列。并且在高速加工、多轴联动加工的数控加工领域和多功能机床支持能力方面，一直都是 UG NX 的强项。

目前，多轴联动数控加工是进行叶轮、叶片、船用螺旋桨、重型发电机转子、汽轮机转子、大型柴油机曲轴等加工的唯一手段。多轴联动加工技术对一个国家的航空、航天、军事、科研、精密器械、高精医疗设备等行业，有着举足轻重的影响力，符合机械制造行业未来的发展趋势。

国家急需培训出一大批能够灵活应用多轴机床的数控技术人员，特别是多轴编程的应用型技术人才。针对这种情况，并结合目前教学需要，特编写了此书。

全书分为 9 章。第 1 章为车铣复合、五轴联动机床结构简介；第 2 章为多轴编程基础知识（驱动方法、刀轴、投影矢量）；第 3 章为凸轮轴编程与加工；第 4 章为基座编程与加工；第 5 章为航空件车铣复合编程与加工；第 6 章为异形叶轮机构编程与加工；第 7 章为构建五轴后处理；第 8 章为 Vericut 仿真加工（车铣复合、五轴联动仿真基本操作，自动比较和切削优化功能）；第 9 章为特殊实例——口罩齿模编程与加工。

本书由广西浩博特信息科技有限公司张浩和重庆三峡职业学院易良培主编，由张浩统稿。在本书编写过程中，得到了广东省机械研究所陈德林、机械工业出版社曹帅鹏、重庆三诚工业设计张威和新代科技于福强给予的大力支持，并提出了许多宝贵建议，在此表示衷心的感谢。

本书是机械工业出版社组织出版的"高等职业教育系列教材"之一。

由于编者水平有限，欠妥之处在所难免，恳请读者批评指正。同时欢迎通过电子邮件（591233010@qq.com或1400390782@qq.com）方式与编者进行交流。

编　者

目　录

第1章　车铣复合、五轴联动机床结构简介

【教学目标】

知识目标：

了解车铣复合机床结构。

了解车铣复合加工特点。

了解五轴联动数控机床结构。

了解五轴联动数控机床加工特点。

能力目标：掌握机床结构和加工特点。

第1章

【教学重点与难点】

车铣复合结构和加工特点；五轴联动数控机床结构和加工特点。

【本章导读】

通过对车铣复合、五轴联动数控机床结构类别的划分和加工特点的介绍，使读者对多轴数控加工有深入的认识，为学习多轴编程做准备。

1.1　车铣复合机床结构简介

车铣复合加工是目前国际上机械加工领域最流行的加工工艺之一，是一种先进制造技术。复合加工就是把几种不同的加工工艺，在一台机床上实现。复合加工中应用最广泛、难度最大的就是车铣复合加工。车铣复合加工中心相当于一台数控车床和一台（数铣）加工中心的复合。

在全球机床制造和金属加工领域，车铣复合加工技术正以其强大的加工能力被不断发展与应用。所谓车铣复合加工技术，即是在一台设备上完成车、铣、钻、镗、攻螺纹、铰孔、扩孔等多种加工要求，车铣复合加工最突出优点是可以大大缩短工件的生产周期、提高工件加工精度。

目前，大多数的车铣复合加工，是在车削中心上完成，而一般的车削中心只是把数控车床的普通转塔刀架换成带动力刀具的转塔刀架，主轴增加 C 轴功能。由于转塔刀架结构、外形尺寸的限制，动力头的功率小，转速不高，也不能安装较大的刀具。这样的车削中心以车为主，铣、钻功能只是做一些辅助加工。由于动力刀架造价昂贵，造成车削中心的成本居高不下。

对于一些带有 Y 轴和 B 轴联动的车铣设备来说，能够加工的零件类型将更加广泛。这类设备不仅具有车削功能，同时也可以完成三到五轴联动的铣切工作。例如，XZC 联动加工（C 轴

角度定位）；XYZ 联动加工或是 XYZC 联动加工；XYZC 四联动加工或是 XYZBC 五联动加工（B 轴摆角定位）。

在机械加工中，应用车铣复合设备的意义可以概括如下。

（1）缩短产品制造工艺链，提高生产效率　车铣复合加工可以实现一次装夹完成全部或者大部分加工工序，从而大大缩短产品制造工艺链。这样一方面减少了由于装夹改变导致的生产辅助时间，同时也减少了工装夹具制造周期和等待时间，能够显著提高生产效率。

（2）减少装夹次数，提高加工精度　装夹次数的减少避免了由于定位基准转化而导致的误差积累。同时，目前的车铣复合加工设备大都具有在线检测的功能，可以实现制造过程关键数据的在线检测和精度控制，从而提高产品的加工精度。

（3）减少占地面积，降低生产成本　虽然车铣复合加工设备的单台价格比较高，但由于制造工艺链的缩短和产品所需设备的减少，以及工装夹具数量、车间占地面积和设备维护费用的减少，能够有效降低总体固定资产的投资、生产运作和管理的成本。

车铣复合设备不仅能够提高产品的精度和加工产品的效率，而且对企业而言大大节约了机床的占地面积，过去需要在几台机床上完成一个零件的加工，现在只需要一台设备就可以完成所有的加工。

车铣复合机床结构类别如下。

1．XZC 车削中心

标准 XZC 车削中心，如图 1-1 所示。它在传统车床基础上增加了简单钻铣功能，能够对工件的端面及圆周面进行钻孔、攻螺纹、铣槽、铣轮廓加工。车削加工时，刀塔转到车刀位置，通过卡盘带动工件旋转和 XZ 轴运动，实现车削加工。钻铣加工时，刀塔转到动力刀具位置，动力头带动刀具旋转，通过 XZC 轴的运动，便实现了钻孔和铣削加工。

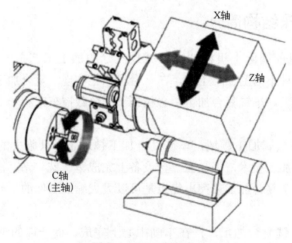

图 1-1　XZC 车削中心

2．带副主轴（背面主轴）的 XZC 车削中心

带副主轴（背面主轴）的 XZC 车削中心，如图 1-2 所示，它在标准 XZC 车削中心的基础上增加了副主轴。副主轴也能用于对工件的端面及圆周面进行钻孔、攻螺纹、铣槽、铣轮廓加工。

3. 带副主轴（背面主轴）和带 Y 轴的 XYZC 车铣复合

带副主轴（背面主轴）和带 Y 轴的 XYZC 车铣复合，如图 1-3 所示。它在标准 XZC 车削中心的基础上增加了副主轴和 Y 轴。增加 Y 轴控制侧铣，可以加工形状更加复杂的零件。

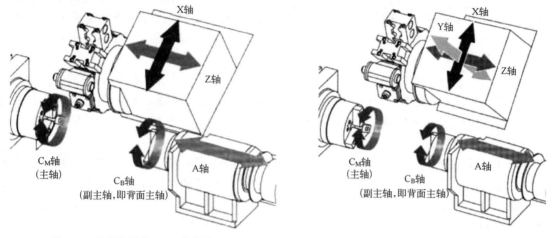

图 1-2　带副主轴的 XZC 车削中心　　　　　　　图 1-3　XYZC 车铣复合

4. 带 B 轴的车铣复合

带 B 轴的车铣复合如图 1-4 所示。此款设备功能比较齐全，有上刀塔和下刀塔，都可以安装车刀和铣刀。上刀塔可以 XYZB 联动，配合 C 轴实现 XYZBC 联动；下刀塔配合 C 轴实现 XZC 联动。即在传统加工中心的 XYZ 三个平面轴的基础上，增加了 B/C 两个轴，它的铣削功能由自带的铣头来完成，车削则是通过装在刀塔上的车刀来完成。相比于车铣复合，主要差别在于其铣头独立于刀塔，且既可以沿 Z 轴旋转进给，也可以沿 X 轴进给。

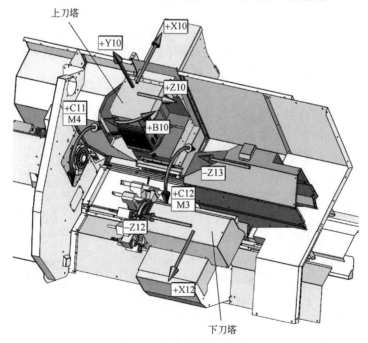

图 1-4　带 B 轴的车铣复合

1.2 五轴联动机床结构简介

五轴联动数控机床是一种科技含量高、精密度高、专门用于加工复杂曲面的机床，这种机床系统对一个国家的航空、航天、军事、科研、精密器械、高精医疗设备等行业有着举足轻重的影响力。目前，五轴联动数控机床系统是解决叶轮、叶片、螺旋桨、重型发电机转子、汽轮机转子、大型柴油机曲轴等加工的唯一手段。

一般来说，三轴机床只有三个正交的运动轴（通常定义为 X、Y、Z 轴），只能实现三个方向直线移动的自由度。因此，沿加工刀轴方向的结构都能加工出来，但侧面结构特征无法加工。三轴机床因设计多套夹具，进行多次安装、定位、夹紧，将整体加工进行分解，加工周期延长，质量大大降低。

然而，五轴联动机床可以在一台机床上至少有五个坐标轴（X、Y、Z 三个直线坐标轴和 A/C 或者 B/C 两个旋转轴），而且可在计算机数控系统控制下同时协调运动进行加工。即五轴联动机床有五个伺服轴（不包括主轴）可以同时进行插补（五个坐标轴可以同一时间、同时移动对一个零件进行加工）。

五轴联动机床的使用，让工件的装夹变得容易。加工时无需特殊夹具，降低了夹具的成本，避免了多次装夹，提高了模具加工精度。采用五轴技术加工模具可以减少夹具的使用数量。另外，由于五轴联动机床可在加工中省去许多特殊刀具，所以降低了刀具成本。五轴联动机床在加工中，根据零件造型特点，增加了刀具的有效切削刃长度，减小了切削力，提高了刀具使用寿命，降低了成本。采用五轴联动机床加工模具可以很快地完成模具加工，交货快，更好地保证了模具的加工质量，使模具加工变得更加容易，并且使模具修改也变得容易。

相对于一般数控机床，多轴机床主要有以下几个加工特点：

1）可以加工更为复杂的工件。

2）可一次装夹完成多面、多方位加工，有效提高加工效率和精度。

3）通过改变刀具或工件姿态，有效避免刀具干涉问题，提高切削效率和工件表面质量。

4）可以简化刀具和夹具形状，降低加工成本。

五轴数控机床有多种不同的结构形式，主要分为以下三大类：

1）工作台上有两个旋转轴（摇篮式五轴）。

2）主轴上有两个旋转轴（双摆头式五轴）。

3）工作台上有一个旋转轴、主轴上有一个旋转轴（单摆头、单旋转式五轴）。

1.2.1 摇篮式五轴

摇篮式五轴即工作台上有两个旋转轴，如图 1-5 和图 1-6 所示。设置在床身上的工作台可以环绕 X 轴回转，定义为 A 轴（如可以环绕 Y 轴回转，则定义为 B 轴），A 轴一般工作范围为-100°～+100°。工作台的中间还设有一个回转台，其在如图 1-5 所示的位置环绕 Z 轴回转，定义为 C 轴，C 轴可以±360°回转（A 轴、B 轴、C 轴可以根据每个生产厂家的结构来定义正负方

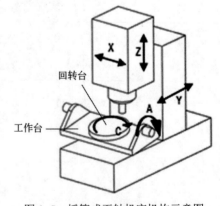

图1-5 摇篮式五轴机床机构示意图

向）。通过 A 轴与 C 轴的组合，固定在工作台上的工件除了底面之外，其余的五个面都可以由立式主轴进行加工。A 轴和 C 轴最小分度值一般为 0.001°，这样又可以把工件细分成任意角度，加工出倾斜面、倾斜孔等。A 轴和 C 轴如与 XYZ 三直线轴实现联动，就可加工出复杂的空间曲面，当然这需要高档的数控系统、伺服系统以及软件的支持。

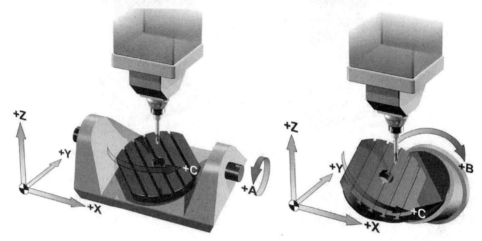

图 1-6　摇篮式五轴机床机构模型

这种设置方式的优点是主轴的结构比较简单，主轴刚度非常好，制造成本比较低。但一般工作台不能设计得太大，承重也较小，特别是当 A 轴回转≥90°时，工件切削时会对工作台带来很大的承载力矩。

1.2.2　双摆头式五轴

双摆头式五轴即主轴上有两个旋转轴，如图 1-7 和图 1-8 所示。主轴前端是一个回转头，能环绕 Z 轴回转，定义为 C 轴，C 轴可以±360°回转。回转头上还带有可环绕 X 轴旋转的 A 轴（环绕 Y 轴旋转定义为 B 轴），一般可达±110°，实现上述同样的功能。这种结构的优点是主轴加工非常灵活，工作台也可以设计得非常大，飞机庞大的机身、巨大的发动机壳都可以在这类加工中心上加工。这种结构还有一大优点，在使用球面铣刀加工曲面时，当刀具中心线垂直于加工面时，由于球面铣刀顶点处的线速度为零，顶点处切出的工件表面质量会很差，而采用主轴回转的结构，令主轴相对工件转过一个角度，使球面铣刀避开顶点处切削，保证有一定的线速度，可提高表面加工质量。

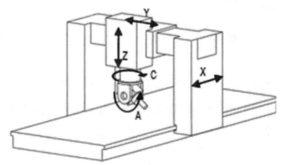

图 1-7　双摆头式五轴机床机构示意图

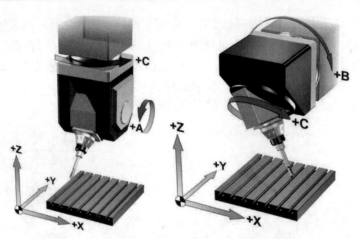

图 1-8　双摆头式五轴机床机构模型

这种结构非常适合加工模具的高精度曲面，而这是工作台回转式加工中心难以做到的。为了达到回转的高精度，高档的回转轴还配置了圆光栅尺反馈，分度精度都在几秒以内，但这类主轴的回转结构比较复杂，制造成本也较高。

1.2.3　单摆头、单旋转式五轴

单摆头、单旋转式五轴即工作台上有一个旋转轴、主轴上有一个旋转轴，两个旋转轴分别在主轴和工作台上，如图 1-9 和图 1-10 所示。这类机床的旋转轴结构布置有最大的灵活性，在 A/B/C 轴中可以任意两个组合。环绕 Z 轴回转，定义为 C 轴，C 轴可以 ±360° 回转；环绕 X 轴旋转的 A 轴（或环绕 Y 轴旋转的 B 轴），一般可达 ±110°。

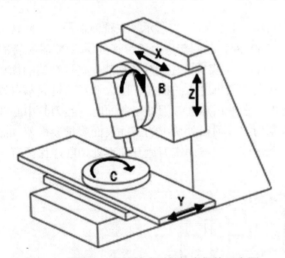

图 1-9　单摆头、单旋转式五轴机床机构示意图　　　图 1-10　单摆头、单旋转式五轴机床机构模型

这种结构简单、灵活，同时具备主轴旋转型与工作台旋转型机床的部分优点。这类机床的主轴可以旋转为水平状态和垂直状态，工作台只需分度定位，即可简单地配置为立、卧转换的三轴加工中心，将主轴进行立、卧转换，再配合工作台分度，对工件实现五面体加工，制造成本低，且非常实用。

第2章 多轴编程基础知识

【教学目标】

知识目标：

了解驱动方法的使用。

了解刀轴的使用。

了解投影矢量的使用。

能力目标：掌握多轴编程基础知识。

概述

【教学重点与难点】

重点学习驱动方法、刀轴与投影矢量使用技巧，掌握要点。

【本章导读】

全面剖析驱动方法、刀轴、投影矢量的使用，使读者对多轴编程有更深入的认识，为学习多轴编程做准备。

2.1

2.1 驱动方法

驱动方法就是产生刀路的一个载体，其根据所定义的切削方法在驱动体上产生驱动点，这些驱动点根据投影矢量和刀轴的配合使用，使部件上产生刀路。

驱动方法包括曲线/点（常用）、螺旋、边界、引导曲线、曲面区域（常用）、流线（常用）、刀轨、径向切削、外形轮廓铣（常用），如图2-1所示。

1．曲线/点

曲线驱动可以根据给定的曲线生成走刀轨迹。一般应用于刻字、做标记线、铣流道槽等，如图2-2所示。

点驱动可以根据设定好的点位，生成刀具轨迹。可用于输出多工序连续加工不同工序转换时的一个安全刀位点（定位点），如图 2-3所示。

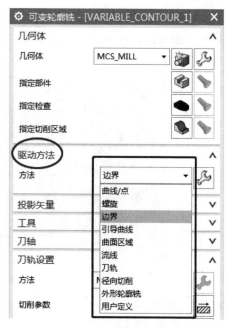

图2-1 驱动方法

 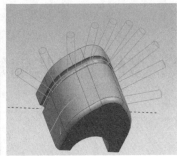 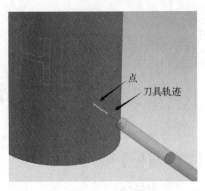

图 2-2　曲线驱动　　　　　　　　　　　　　图 2-3　点驱动

2．螺旋

螺旋驱动可以保持单向的连续切削，避免机床急剧的反向走刀而产生顿挫感和加工痕迹。主要应用于高速加工，可以运用在平面上或者曲面上，如图 2-4 所示。

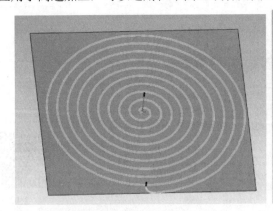 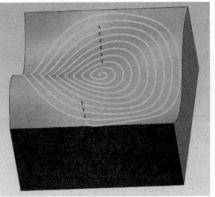

图 2-4　螺旋驱动

3．边界

边界驱动可以直接通过零件表面输出刀具轨迹。复杂表面不需要做辅助驱动面，但是受投影平面和投影矢量的限制，如图 2-5 所示。

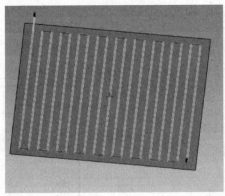 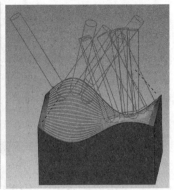

图 2-5　边界驱动

4．引导曲线

引导曲线驱动多用于比较常规的圆形/长方形等高面加工、非规则的弯管类零件的加工，如

图 2-6 所示。

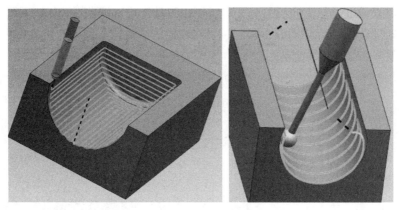

图 2-6　引导曲线驱动

5．曲面区域

曲面区域驱动可以通过指定的曲面输出刀具轨迹。曲面驱动具有最多的刀轴控制方式，因而曲面区域驱动在多轴中应用得最为广泛。但是曲面区域驱动对曲面的质量要求很高，多个曲面之间要求连续相切，并且要求每个曲面的 UV 网格一致，曲面的 UV 网格决定了刀具轨迹的优劣，如图 2-7 所示。

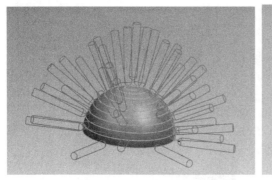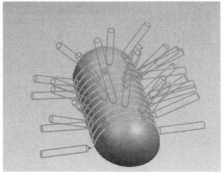

图 2-7　曲面区域驱动（一）

驱动曲面可以是零件的面，也可以是与零件无关的面，如图 2-8 所示。

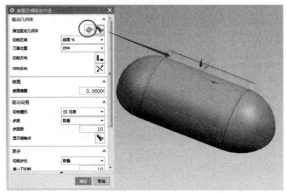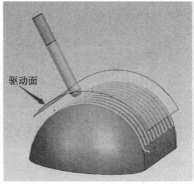

图 2-8　曲面区域驱动（二）

6. 流线

流线驱动可以通过指定流曲线与交叉曲线生成刀具轨迹。流曲线决定刀具轨迹的形状，交叉曲线决定刀具轨迹的边界（也可以不定义），对曲面的质量没有要求，但曲线的光顺度对刀具轨迹有一定的影响，如图 2-9 所示。

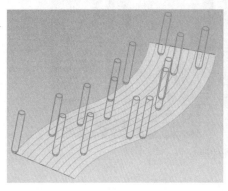

图 2-9　流线驱动

7. 径向切削

径向切削驱动允许使用指定的"步距""带宽""切削类型"生成沿着并垂直于给定边界的驱动轨迹。此驱动方法可用于创建清根操作，如图 2-10 所示。

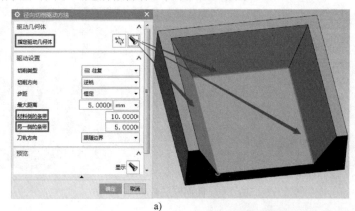

a)

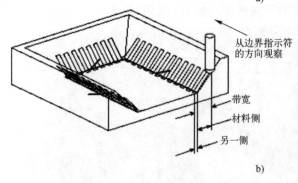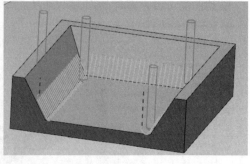

b)

图 2-10　径向切削驱动

8. 外形轮廓铣

外形轮廓铣驱动可以利用壁几何体与底面生成刀具轨迹，刀具侧刃始终与选定的壁相切，端刃与底面接触，如图 2-11 所示。

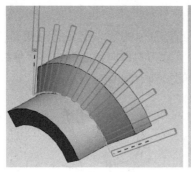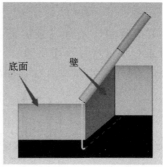

图 2-11　外形轮廓铣驱动

9．刀轨

刀轨驱动方法允许使用者沿着"刀位置源文件(CLSF)"的刀轨定义驱动点，以在当前操作中创建一个类似的"曲面轮廓铣刀轨"。驱动点沿着现有的刀轨生成，然后投影到所选的部件表面上创建新的刀轨，新的刀轨是沿着曲面轮廓形成的。驱动点投影到部件表面上时所遵循的方向由投影矢量确定。

2.2　刀轴

2.2

刀轴，一般情况下是指刀具相对于工件的位置状态（在加工过程中刀具倾斜或者方向固定）。根据刀轴矢量的不同，刀轴又可以分为固定刀轴和可变刀轴。两者的区别在于，固定刀轴的方向在加工过程中始终与刀轴矢量平行，而可变刀轴的方向在沿着刀具路径移动时可不断变化。

1．远离点

远离点可以通过指定一个聚焦点来定义可变刀轴矢量，它以指定的聚焦点为起点，并指向刀柄所形成的矢量，作为可变刀轴矢量。刀轴将始终通过此点，并且绕着此点旋转，如图 2-12 所示（聚焦点必须位于刀具与零件几何表面的另一侧）。

2．朝向点

朝向点可以通过指定一个聚焦点来定义可变刀轴矢量，它以指定的聚焦点为起点，并指向刀尖所形成的矢量，作为可变刀轴矢量。刀轴将始终通过此点，并且绕着此点旋转，如图 2-13 所示（聚焦点必须位于刀具与零件几何表面的同一侧）。

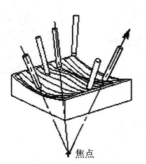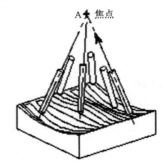

图 2-12　刀轴控制-远离点　　　　　　　图 2-13　刀轴控制-朝向点

3．远离直线

远离直线可以用指定的一条直线来定义可变刀轴矢量，定义的可变刀轴矢量沿指定直线（聚焦线）移动，并垂直于该直线（聚焦线），且从刀尖指向指定直线（聚焦线），如图 2-14 所示（指定的直线必须位于刀具与零件几何表面的另外一侧）。

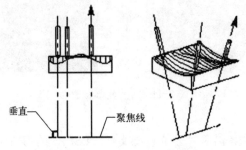

图 2-14　刀轴控制-远离直线

4．朝向直线

朝向直线可以用指定的一条直线来定义可变刀轴矢量，定义的可变刀轴矢量沿指定直线（聚焦线）移动，并垂直于该直线（聚焦线），且从刀柄指向指定直线（聚焦线），如图 2-15 所示（指定的直线必须位于刀具与零件几何表面的同一侧）。

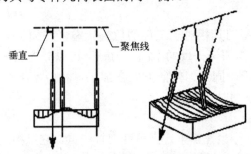

图 2-15　刀轴控制-朝向直线

5．相对于矢量

相对于矢量可以通过定义相对于矢量的前倾角和侧倾角确定刀轴方向，如图 2-16 所示。

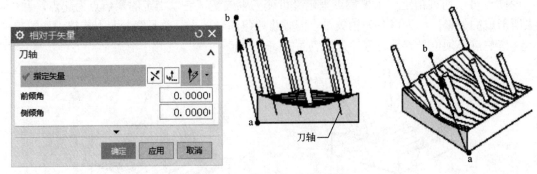

图 2-16　刀轴控制-相对于矢量

1）前/后倾角定义了刀具沿刀轨前倾或后倾的角度。它是刀轴与刀具路径切削方向的夹角，角度为正时称为前倾，角度为负时称为后倾，如图 2-17a 所示。

2）侧倾角定义了刀具从一侧到另一侧的角度。它是刀轴绕刀具路径切削方向侧偏的一个角度，角度为正时称为右倾，角度为负时称为左倾，如图 2-17b 所示。

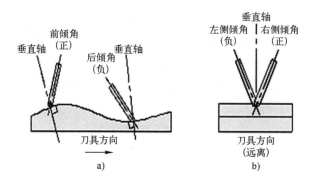

图 2-17　前倾角/侧倾角示意图

a) 前倾角　b) 侧倾角

6. 垂直于部件

垂直于部件是指可变刀轴矢量在每一个接触点处垂直于零件几何表面, 如图 2-18 所示。

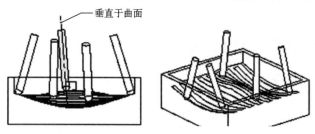

图 2-18　刀轴控制-垂直于部件

注意: 选用刀轴因为垂直于部件, 所以必须选择工件几何体, 并且投影矢量不能是刀轴。

7. 相对于部件

相对于部件可以通过指定前倾角和侧倾角, 来定义相对于零件几何表面法向矢量, 从而确定刀轴方向 (在四轴垂直于部件的机床上增加了前倾角、侧倾角), 如图 2-19 所示。

前倾角定义了刀具沿刀具运动方向朝前或朝后倾斜的角度。前倾角为正时, 刀具基于刀具路径的方向朝前倾斜; 前倾角度为负时, 刀具基于刀具路径的方向朝后倾斜。

侧倾角定义了刀具相对于刀具路径往外倾斜的角度。沿刀具路径看, 侧倾角度为正, 使刀具往刀具路径右边倾斜; 侧倾角度为负, 使刀具往刀具路径左边倾斜。与前倾角度不同, 侧倾角度总是固定在一个方向, 并不依赖于刀具运动方向。

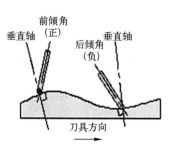
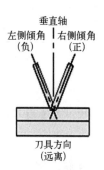

图 2-19　刀轴控制-相对于部件

在相对于部件参数里面，还可以设置最大和最小倾斜角度。这些参数将定义刀具偏离指定的前倾角或侧倾角的程度。例如，如果将前倾角定义为20°，最小前倾角定义为15°，最大前倾角定义为 25°，那么刀具轴可以偏离前倾角±5°。最小值必须小于或等于相应的前倾角或侧倾角的角度值。最大值必须大于或等于相应的前倾角或侧倾角的角度值，如图 2-20 所示。

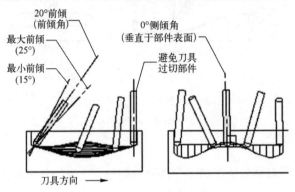

图 2-20　角度示意图

当设置为 0°侧倾角时，刀具将垂直以避免过切。

注意：若选用刀轴为相对于部件，那么必须选择工件几何体，并且投影矢量不能是刀轴。

8. 4轴，垂直于部件

刀轴矢量始终与指定的旋转轴（第四轴）垂直。其中的旋转角度是指刀具轴相对于部件表面的另一垂直轴向前或向后倾斜。与前倾角不同，4 轴旋转角度始终向垂直轴的同一侧倾斜，与刀具运动方向无关，如图 2-21 所示。

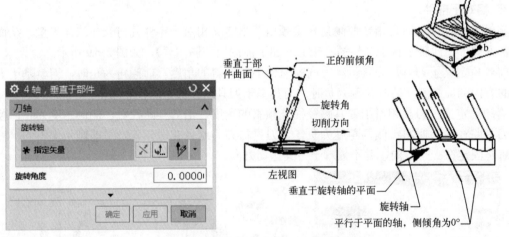

图 2-21　刀轴控制-4 轴，垂直于部件

注意：若选用刀轴为 "4 轴，垂直于部件"，那么必须选择工件几何体，并且投影矢量不能是刀轴。

9. 4轴，相对于部件

通过指定第四轴及其旋转角度、前倾角度与侧倾角度来定义刀轴矢量。其中的旋转角度是

指刀具轴相对于部件表面的另一垂直轴向前或向后倾斜。"4 轴，相对于部件"的工作方式与
"4 轴，垂直于部件"基本相同。此外，还可以定义一个前倾角和一个侧倾角，这两个值通常保
留为其默认值 0°，如图 2-22 所示。

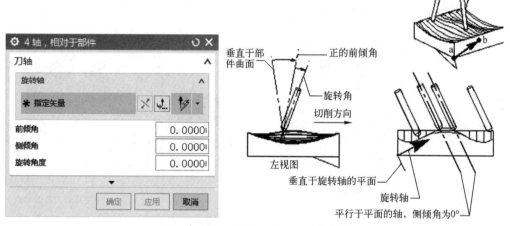

图 2-22 刀轴控制-4 轴，相对于部件

注意：选用刀轴为"4 轴，相对于部件"，必须选择工件几何体，并且投影矢量不能是刀轴。

10．双 4 轴，在部件上

"双 4 轴，在部件上"与"4 轴，相对于部件"的工作方式基本相同，可以指定一个 4 轴旋
转角、前倾角和侧倾角。4 轴旋转角可以绕一个轴旋转部件，也可以增加一个回转轴旋转部
件，如图 2-23 所示。在【双 4 轴，在部件上】对话框中，可以分别为 Zig 运动和 Zag 运动定义
上述参数。

注意：若在 Zig 方向与 Zag 方向指定不同的旋转轴进行切削时，实际上就产生了五轴切削
操作，如图 2-24 所示。

图 2-23 刀轴控制-双 4 轴在部件上

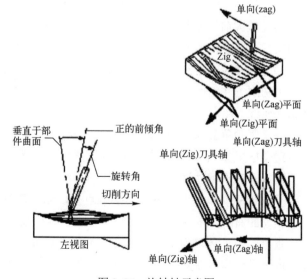

图 2-24 旋转轴示意图

11．插补矢量

插补矢量可以通过在指定点定义矢量来控制刀轴矢量。也可用来调整刀轴，以避免刀具悬空或避让障碍物。根据创建光顺刀轴运动的需要，可以从驱动曲面上的指定位置处，定义出任意数量的矢量，然后将按定义的矢量，在驱动几何体上的任意点处插补刀轴。指定的矢量越多，对刀轴的控制就越多，如图2-25所示。

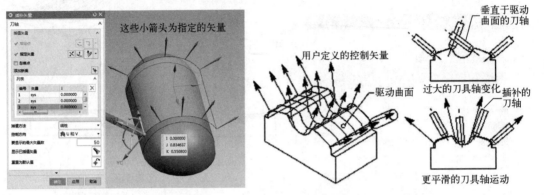

图 2-25　刀轴控制-插补矢量

12．优化后驱动

优化后驱动刀轴可使刀具前倾角与驱动几何体曲率匹配。在凸起部分，自动保持小的前倾角，以便移除更多材料。在下凹区域中，自动增加前倾角以防止刀跟过切驱动几何体，并使前倾角足够小以防止刀前端过切驱动几何体。

优化后驱动刀轴控制方法的优点包括：

1）确保刀轨不会过切，而且不会出现未切削的区域。

2）确保最大材料移除量，以缩短加工时间。

3）确保用刀尖切削，以延长刀具使用寿命。

如图2-26所示，【优化后驱动】对话框中选项说明如下：

1）【最小刀跟安全距离】：使刀跟清除驱动几何体保持的最小距离。

2）【最大前倾角】：出于过切避让之外的原因，可使用此选项指定允许的最大前倾角。NX自动执行过切避让（可选）。建议此选项处于关闭状态并允许NX自动确定最佳值。

3）【名义前倾角】：出于最佳材料移除量之外的原因，可使用该选项指定首选的前倾角，以便优化切削条件。优化后驱动刀轴控制方法可自动优化材料移除（可选）。建议此选项处于关闭状态并允许NX自动确定最佳值。

4）【侧倾角】：固定的侧倾角度值，默认值为"0"。

5）【应用光顺】：选择该选项可以进行更高质量的精加工。

13．垂直于驱动体

垂直于驱动体是指在每一个接触点处，创建垂直于驱动曲面的可变刀轴矢量。刀具永远垂直于驱动的曲面，直接在驱动曲面上生成刀具轨迹。

垂直于驱动体可用于在非常复杂的部件曲面上控制刀具轴的运动。驱动曲面可以是零件的面，也可以是与零件无关的面，如图2-27所示。

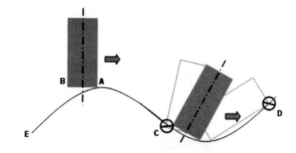

A—刀尖，B—刀跟，C—刀跟刨削，D—刀前端刨削，E—驱动几何体

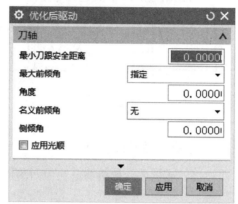

图 2-26　刀轴控制-优化后驱动

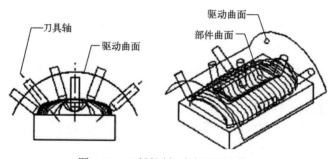

图 2-27　刀轴控制-垂直于驱动体一

当未定义部件曲面时，可以直接加工驱动曲面，即刀具轨迹直接在驱动曲面上生成，如图 2-28 所示。

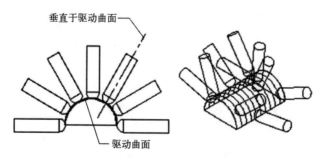

图 2-28　刀轴控制-垂直于驱动体二

14. 侧刃驱动

侧刃驱动可以用驱动曲面的直纹线来定义刀轴矢量，通过指定侧刃方向，可以使刀具的侧

刀加工驱动曲面，而刀尖加工零件几何表面。通过定义侧倾角可以使刀刃与被选取的驱动面形成一个角度，如图 2-29 所示。

图 2-29　刀轴控制-侧刃驱动

【划线类型】的选项有"栅格或修剪"和"基础 UV"，划线结果如图 2-30 所示。

1）栅格或修剪划线：当驱动曲面由"曲面栅格"或"修剪曲面"组成时，便可生成"栅格或修剪"类型的划线。该类型的划线将尝试与所有栅格边界或修剪边界尽量自然对齐。

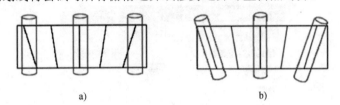

图 2-30　划线类型

a) 栅格或修剪划线　b) 基础 UV 划线

2）基础 UV 划线：指曲面被修剪或被放入栅格前，在曲面的自然底层划线，此类划线可能没有与栅格或修剪边界对齐。

15. 相对于驱动体

通过指定引导角与倾斜角，来定义相对于驱动曲面法向矢量的可变刀轴矢量。

16. 4 轴，垂直于驱动体

通过指定旋转轴（即第四轴）及其旋转角度来定义刀轴矢量。即刀轴先从驱动曲面法向旋转到旋转轴的法向平面，然后基于刀具运动方向朝前或朝后倾斜一个旋转角度。

17. 4 轴，相对于驱动体

通过指定第四轴及其旋转角度、引导角度与倾斜角度来定义刀轴矢量。即先使刀轴从驱动曲面法向、基于刀具运动方向朝前或朝后倾斜引导角度与倾斜角度，然后投射到正确的第四轴运动平面，最后旋转一个旋转角度。

18. 双 4 轴，在驱动体上

通过指定第四轴及其旋转角度、引导角度与倾斜角度来定义刀轴矢量。即分别在 Zig 方向与 Zag 方向，先使刀轴从驱动曲面法向、基于刀具运动方向朝前或朝后倾斜引导角度与倾斜角度，然后投射到正确的第四轴运动平面，最后旋转一个旋转角度。

注意：若在 Zig 方向与 Zag 方向指定不同的旋转轴进行切削时，实际上就产生了五轴切削操作。

2.3　投影矢量

2.3

投影矢量用于指引驱动点怎样投射到部件表面。确定了加工区域后，驱动是生成刀路的基础，投影矢量决定了驱动从哪个方向投影到部件表面上，从而产生刀具轨迹。

（1）指定矢量/刀轴　矢量与目标平面不平行时使用这些选项，如图 2-31～图 2-34 所示。

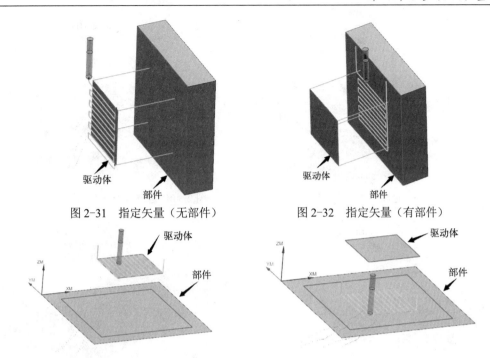

图 2-31 指定矢量（无部件）　　　　　图 2-32 指定矢量（有部件）

图 2-33 刀轴（无部件）　　　　　　图 2-34 刀轴（有部件）

（2）远离点/朝向点和远离直线/朝向直线　当拥有一组曲面，但其中单一矢量角度不足以代表所有曲面时，使用这些选项，如图 2-35～图 2-42 所示。

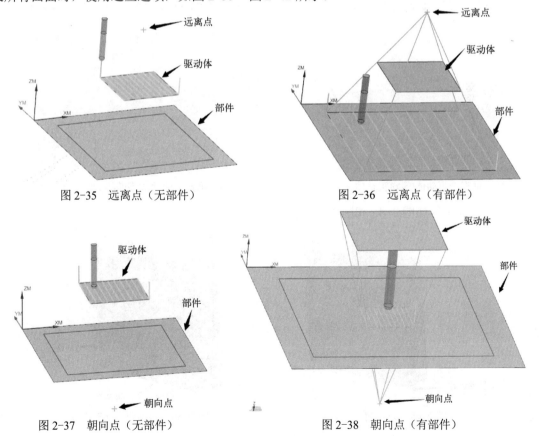

图 2-35 远离点（无部件）　　　　　　图 2-36 远离点（有部件）

图 2-37 朝向点（无部件）　　　　　　图 2-38 朝向点（有部件）

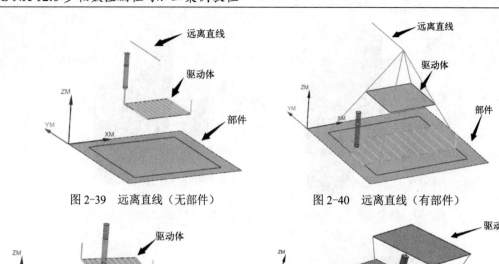

图 2-39　远离直线（无部件）　　　　　　图 2-40　远离直线（有部件）

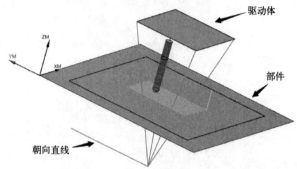

图 2-41　朝向直线（无部件）　　　　　　图 2-42　朝向直线（有部件）

（3）垂直于驱动体/朝向驱动体　定义投影矢量为驱动曲面的法向，如图 2-43 和图 2-44 所示。

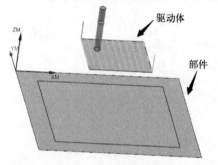

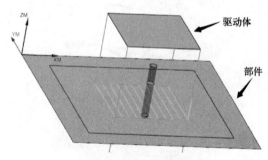

图 2-43　垂直于驱动体/朝向驱动体（无部件）　　图 2-44　垂直于驱动体/朝向驱动体（有部件）

（4）刀轴向上　如图 2-45 和图 2-46 所示。

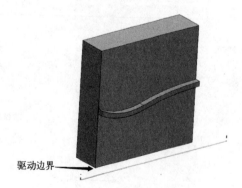

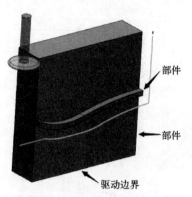

图 2-45　刀轴向上（无部件）　　　　　　图 2-46　刀轴向上（有部件）

第3章　凸轮轴编程与加工

【教学目标】

知识目标:

掌握型腔铣粗加工的参数设置方法。

掌握 3+2 定轴铣的特点。

掌握曲面驱动、曲线驱动的编程方法。

掌握多轴编程里的刀轴与投影矢量使用技巧。

掌握平面铣加工的编程方法。

掌握用区域轮廓铣加工曲面的参数设置方法。

掌握多轴钻孔的编程方法。

掌握实体轮廓 3D 的编程方法。

掌握旋转底面铣的编程方法。

掌握变换刀具路径的方法。

能力目标: 能运用 UG NX 软件完成凸轮轴的编程与后置处理、仿真加工和程序验证。

【教学重点与难点】

3+2 定轴铣的特点; 多轴编程驱动方法的使用; 多轴编程中刀轴使用技巧。

【本章导读】

图 3-1 所示为凸轮轴零件。制定合理的加工工艺, 完成凸轮轴的刀具路径设置及仿真加工, 将程序进行后置处理并导入 Vericut 进行验证。

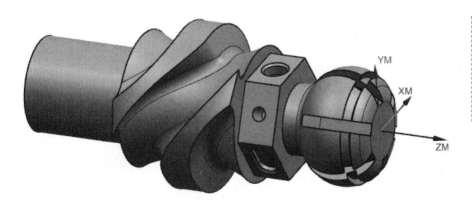

凸轮轴二维工程图

图 3-1　凸轮轴

3.1 工艺分析与刀路规划

1．加工方法

本例凸轮轴，先用数控车加工 ϕ40mm 的外圆柱面，长 48mm，然后使用五轴机床以 3+2 定轴铣对半粗加工零件，再用四轴和五轴联动加工方法编制粗、精加工程序。

2．毛坯选用

本例毛坯选用铝合金，尺寸为 ϕ72mm×160mm。

3．刀路规划

（1）对半粗加工

型腔铣开粗，刀具为 ED12 平底刀，加工余量为 0.2。

（2）球头曲面加工

① 二次粗加工 ϕ30mm 圆柱面，刀具为 ED6 平底刀，加工余量为 0.1。

② 精加工 ϕ30mm 的圆柱面，刀具为 ED6 平底刀。

③ 精加工球头曲面，刀具为 R3 球头刀，加工余量为 0.1。

④ 粗加工 6 条 5mm 的槽，刀具为 ED4 平底刀，加工余量为 0.1。

⑤ 精加工 6 条 5mm 的槽，刀具为 ED4 平底刀。

⑥ 加工 4mm 的槽，刀具为 ED4 平底刀。

（3）六边形加工

① 平面铣精加工，刀具为 ED6 平底刀，加工余量为 0.1。

② 钻 3× ϕ6mm 的孔，刀具为 ϕ6mm 麻花钻。

③ 粗加工六边形上的圆弧槽，刀具为 ED6 平底刀，加工余量为 0.1。

④ 粗加工六边形上的圆孔，刀具为 ED6 平底刀，加工余量为 0.1。

⑤ 粗加工六边形上的圆半球，刀具为 ED6 平底刀，加工余量为 0.1。

⑥ 精加工六边形上的圆弧槽，刀具为 ED6 平底刀。

⑦ 精加工六边形上的圆孔，刀具为 ED6 平底刀。

⑧ 精加工六边形上的圆半球，刀具为 R4 球头刀。

⑨ 加工六边形上的圆弧槽倒角，刀具为 8mm 倒角刀。

⑩ 加工六边形上的圆孔倒角，刀具为 8mm 倒角刀。

（4）凸轮加工

① 加工凸轮 A 面，刀具为 R4 球头刀。

② 加工凸轮 B 面，刀具为 R4 球头刀。

③ 加工凸轮底圆柱面，刀具为 R4 球头刀。

④ 加工凸轮外圆柱面，刀具为 R4 球头刀。

3.2 创建几何体

进入加工环境。单击【文件（F）】，在【启动】选项卡中选择【加工】，在弹出的【加工环境】对话框中，按如图 3-2 所示设置，单击【确定】按钮。

3.2.1　创建加工坐标系

单击工具栏【视图】|【图层设置】，选中 100 图层，将 100 图层设为可见。在当前界面最左侧单击工序导航器 ⊨，空白处鼠标右击，在弹出的快捷菜单中，选择【几何视图】，单击【MCS_MILL】前的 "+" 可将其展开。双击 ⊯ MCS_MILL 节点图标，弹出如图 3-3 所示的对话框，在【安全设置选项】中选择 "自动平面"，在【安全距离】文本框中输入需要的安全距离（默认为 10mm）。在【指定 MCS】处单击 ⊯ 图标，弹出如图 3-4 所示的【坐标系】对话框，然后拾取端面圆心建立加工坐标系，单击【确定】按钮。其余默认，最后单击图 3-3 中的【确定】按钮。

图 3-2　进入加工环境

图 3-3　设置 MCS

图 3-4　建立加工坐标系

3.2.2　创建工件几何体

双击 WORKPIECE 节点图标，弹出【工件】对话框，如图 3-5 所示。单击【指定部件】图标，弹出【部件几何体】对话框，如图 3-6 所示，选择凸轮轴为部件几何体，单击【确定】按钮。单击【工件】对话框中的【指定毛坯】图标，弹出【毛坯几何体】对话框，如图 3-7 所示。在类型下拉列表中提供了七种建立毛坯的方法，本例选择拉伸好的实体作为毛坯，单击

【确定】按钮。继续单击【确定】按钮，完成工件几何体设置。

图 3-5 【工件】对话框

图 3-6 指定部件几何体

图 3-7 指定毛坯几何体

3.3 创建刀具

在工序导航器状态下，空白处鼠标右击，在弹出的快捷菜单中，选择【机床视图】，在工具条中选择【创建刀具】图标，弹出【创建刀具】对话框，如图 3-8 所示。在【类型】中选择"mill_multi_axis"，在【刀具子类型】中选择"MILL"，在【名称】文本框中输入"ED12"，单击【确定】按钮，弹出【铣刀_5 参数】对话框，如图 3-9 所示。在【尺寸】选项组中：【直径】输入"12"，【下半径】输入"0"，【长度】输入实际值（默认为 75），【刀刃长度】输入实际值（默认为 50）。在【编号】选项组中：【刀具号】作为 1 号刀具，故输入"1"，【补偿寄存器】（长度补偿）/【刀具补偿寄存器】（半径补偿）分别输入"1"，单击【确定】按钮，完成刀具的创建。

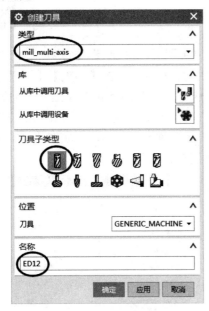
图 3-8　创建刀具

图 3-9　刀具参数设置

用同样方法创建 R4、ED6、R3、ED4、DRILLING_6MM、倒角刀_8MM 刀具。

3.4　创建工序

在创建加工程序前，可以先建立加工程序组。

1）在工序导航器状态下，空白处鼠标右击，在弹出的快捷菜单中，选择【 程序顺序图】，在工具条中单击【创建程序】 图标，打开【创建程序】对话框。在【创建程序】对话框的【名称】文本框中输入需要创建的程序组名称，如"对半开粗加工程序"如图 3-10 所示。其余默认，单击【确定】按钮，完成程序组的创建。

图 3-10　创建程序组

2）用同样的方法继续创建球头曲面加工程序、六边形加工程序、凸轮加工程序的程序组名称。

3.4.1 创建对半粗加工程序

1）单击工具栏【视图】|【图层设置】，选中 99 图层，将 99 图层设为可见。鼠标右击 "对半粗加工"程序组，在弹出的对话框中，单击【插入】|【创建工序】图标，弹出【创建工序】对话框。在【类型】中选择 "mill_contour"，【工序子类型】中选择 "型腔铣"，【刀具】选择 "ED12（铣刀-5 参数）"，【几何体】选择 "WORKPIECE"，【方法】选择 "MILL_ ROUGH"（也可默认为 METHOD），【名称】默认即可，如图 3-11 所示，单击【确定】按钮，弹出如图 3-12 所示的【型腔铣】对话框。

图 3-11　创建型腔铣

图 3-12　【型腔铣】对话框

2）单击【指定修剪边界】图标，打开【修剪边界】对话框。选择绘制好的范围曲线，【修剪侧】选择 "外侧"，单击【确定】按钮，如图 3-13 所示。

3）在【刀轴】|【轴】中选择 "指定矢量"，在【指定矢量】选项中选择 "ZC"（根据方向来选择），如图 3-12 所示。

4）在【刀轨设置】|【切削模式】中选择 "跟随周边"，【公共每刀切削深度】选择 "恒定"，【最大距离】中输入 "0.8"，如图 3-12 所示。

5）单击【型腔铣】对话框中的【切削层】图标，弹出【切削层】对话框，【范围类型】选择 "单侧"，其余默认，如图 3-14 所示，单击【确定】按钮。

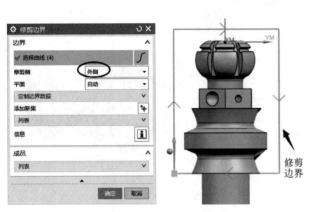

图 3-13　修剪边界　　　　　　　　　　图 3-14　切削层设置

6）单击【切削参数】图标，弹出【切削参数】对话框。在【策略】|【切削方向】中选择"顺铣"，【切削顺序】选择"深度优先"，【刀路方向】选择"向内"，如图 3-15 所示。单击【余量】选项卡，选中"使底面余量与侧面余量一致"，【部件侧面余量】输入"0.2"，其余默认，如图 3-16 所示。单击【确定】按钮，返回【型腔铣】对话框。

图 3-15　策略设置　　　　　　　　　　图 3-16　余量设置

7）单击【非切削移动】图标，弹出【非切削移动】对话框。在【进刀】|【封闭区域】|【进刀类型】中选择"螺旋"，【斜坡角度】输入"1.5"，【高度】输入"0.5"，在【开放区域】|【进刀类型】中选择"与封闭区域相同"，如图 3-17 所示（进刀选项的参数可以为默认参数，也可以根据需求设置最理想化的参数）。

在【转移/快速】|【转移类型】中选择"直接"，其余采用默认，如图 3-18 所示。在【起点/钻点】|【选择点】中单击图标，在弹出的【点】动态文本中，输入"-97，-50，0"坐标值，如图 3-19 所示，单击【确定】按钮，返回【型腔铣】对话框。

图 3-17　进刀参数设置

图 3-18　转移设置　　　　　　　　　　　　　　图 3-19　进刀点设置

温馨提示：设置起点/钻点的意义，是基于切削安全考虑，刀具在工件以外进刀。

8）单击【进给率和速度】🐾图标，弹出【进给率和速度】对话框。【输出模式】选择"RPM"，在【主轴速度】中输入"3500"，在【进给率】|【切削】中输入"1500"，如图 3-20所示，单击【确定】按钮，返回【型腔铣】对话框。

9）单击📐生成图标，生成的刀具路径如图 3-21 所示。

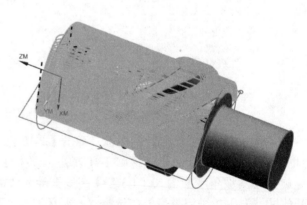

图 3-20　进给率和速度　　　　　　　　　　　图 3-21　生成刀具路径

同理，创建另外一边的粗加工 2 程序。

3.4.2　创建球头曲面加工程序

1. 二次粗加工φ30mm 的圆柱面

1）单击工具栏【视图】|【图层设置】，将 103 图层设为可见，在建模里面做好辅助线和辅助面，如图 3-22 所示（在面上偏置 3.1mm，刀具 6mm，故留了 0.1mm 的侧部余量，同理辅助面也要将刀具半径考虑进去）。

3.4.2

2）鼠标右击"球头曲面加工程序"程序组，在弹出的快捷菜单中，单击【插入】|【创建工序】⊱图标，弹出【创建工序】对话框。按照如图 3-23 所示设置，单击【确定】按钮，弹出【可变轮廓铣】对话框，如图 3-24 所示。

图 3-22　辅助线/辅助面　　　　　　　　　　图 3-23　创建工序

3）单击【指定部件】⊕图标，打开【部件几何体】对话框。选择φ30mm 的圆柱面作为部件，如图 3-25 所示（如果不选择部件，将不能产生多刀路）。

4）在【可变轮廓铣】对话框的【驱动方法】|【方法】中选择"曲线/点"，弹出【曲线/点驱动方法】对话框。在【驱动几何体】|【选择曲线】中选择偏置好的辅助线，如图 3-26 所示，单击【确定】按钮。

图 3-24　可变轮廓铣　　　　图 3-25　选择部件几何体　　　　图 3-26　选择曲线

5）在【可变轮廓铣】对话框的【刀轴】|【轴】中选择"远离直线"，打开【远离直线】对话框。在【远离直线】|【指定矢量】中选择"相对于矢量和圆心"，如图 3-27 所示，单击【确定】按钮。

图 3-27　远离直线

6）单击【切削参数】 图标，弹出如图 3-28 所示【切削参数】对话框。在【多刀路】|【部件余量偏置】中输入"3"，选中【多重深度切削】，【步进方法】选择"增量"，【增量】输入"0.5"（意思是刀路将会在距离选择的∅30mm 的圆柱面上偏置 3mm 处开始切削，每刀 0.5mm 深）。在【余量】|【部件余量】中输入"0.2"，如图 3-29 所示，单击【确定】按钮。

7）单击【非切削移动】 图标，弹出如图 3-30 所示对话框，在【进刀】|【开放区域】|【圆弧前部延伸】和【圆弧后部延伸】设置中分别输入"5"，单击【确定】按钮。

图 3-28　多刀路设置

图 3-29　加工余量设置

图 3-30　非切削移动设置

8）单击【进给率和速度】 图标，打开【进给率和速度】对话框。【输出模式】选择"RPM"，在【主轴速度】中输入"3500"，在【进给率】|【切削】中输入"500"，单击【确定】按钮。

9）单击 生成图标，生成的刀具路径如图 3-31 所示。

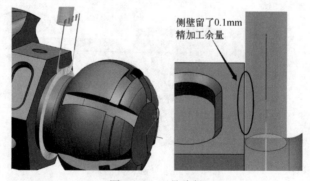

图 3-31　刀具路径

2. 精加工∅30mm 的圆柱面

1）单击工具栏【视图】|【图层设置】，将 103 图层设为可见，在建模里面做好辅助面

（同理辅助线也是要将刀具半径考虑进去）。

2）鼠标右击"球头曲面加工程序"程序组，在弹出的快捷菜单中，单击【插入】|【创建工序】🖑图标，弹出【创建工序】对话框，按照如图 3-32 所示设置，单击【确定】按钮，弹出【可变轮廓铣】对话框，如图 3-33 所示。

3）单击【指定部件】🖾图标，打开【部件几何体】对话框。选择 ϕ30mm 的圆柱面作为部件。

4）如图 3-33 所示，在【驱动方法】|【方法】中选择"曲面区域"，弹出【曲面区域驱动方法】对话框，如图 3-34 所示。单击【指定驱动几何体】🖾图标，选择拉伸好的辅助面，如图 3-35 所示。单击【切削方向】🖦图标，选择如图 3-36 所示的箭头方向（选中之后有个小圆圈），注意检查材料侧方向是否正确（与刀具方向是相对的）。【切削模式】选择"往复"，【步距数】输入"1"（输入 1 则切 2 刀，输入 2 则切 3 刀，依此类推）。

5）在【可变轮廓铣】对话框的【刀轴】|【轴】中选择"垂直于驱动体"，如图 3-33 所示。

6）单击【非切削移动】🖽图标，弹出如图 3-37 所示【非切削移动】对话框。在【进刀】|【开放区域】|【圆弧前部延伸】和【圆弧后部延伸】中分别输入"10"，单击【确定】按钮。

图 3-32　创建工序

图 3-33　可变轮廓铣

图 3-34　选择驱动几何体

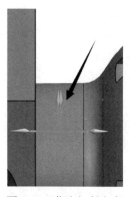

图 3-35　指定切削方向

图 3-36　选择曲面

图 3-37　非切削移动

7）单击【进给率和速度】⬆图标，打开【进给率和速度】对话框。【输出模式】选择"RPM"，在【主轴速度】中输入"3500"，在【进给率】|【切削】中输入"500"，单击【确定】按钮。

8）单击▶生成图标，生成的刀具路径如图 3-38 所示。

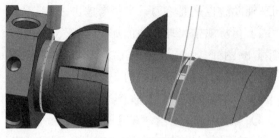

图 3-38　刀具路径

3．精加工球头面

1）单击工具栏【视图】|【图层设置】，将 101 图层设为可见，在建模里面做好辅助面。零件有多条环槽，综合产品的形状，可以做如图 3-39 所示的辅助面作为零件的部件。在第 2 章中已经讲解，驱动曲面可以是零件的面，也可以是与零件无关的面，针对此零件可以绘制如图 3-40 所示的曲面作为驱动面。

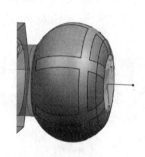

图 3-39　部件

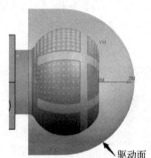

图 3-40　驱动面

2）鼠标右击"球头曲面加工程序"程序组，在弹出的快捷菜单中，单击【插入】|【创建工序】▶图标，弹出【创建工序】对话框。按照如图 3-41 所示设置，单击【确定】按钮，弹出【可变轮廓铣】对话框，如图 3-42 所示。

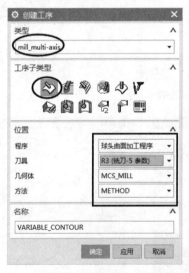

图 3-41　创建工序

图 3-42　可变轮廓铣

3）单击【指定部件】⬡图标，打开【部件几何体】对话框。选择图 3-39 所示的辅助面作为部件（如果不选择部件，刀路将不会在部件上生成）。

4）在【驱动方法】|【方法】中选择"曲面区域"，弹出【曲面区域驱动方法】对话框如图 3-43 所示。单击【指定驱动几何体】◈图标，选择辅助面，如图 3-44 所示，单击【确定】按钮。单击【切削方向】↳图标，选择如图 3-45 所示的箭头方向，注意检查材料侧方向是否正确。【切削模式】选择"往复"（也可选择螺旋），【步距数】输入"70"，单击【确定】按钮。

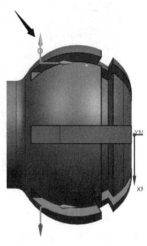

图 3-43　选择驱动几何体　　　图 3-44　选择曲面　　　图 3-45　指定切削方向

5）在【刀轴】|【轴】中选择"垂直于驱动体"如图 3-42 所示。

6）【切削参数】和【非切削移动】采用默认即可。

7）单击【进给率和速度】♣图标，打开【进给率和速度】对话框。【输出模式】选择"RPM"，在【主轴速度】中输入"3500"，在【进给率】|【切削】中输入"1200"，单击【确定】按钮。

8）单击▶生成图标，生成的刀具路径如图 3-46 所示。

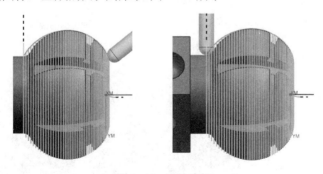

图 3-46　刀具路径

4．粗加工 5mm 的槽

（1）中间曲线作为驱动曲线

1）单击工具栏【视图】|【图层设置】，将 104 图层设为可见，在建模里面做好辅助线和辅助面，如图 3-47 所示。

2）鼠标右击"球头曲面加工程序"程序组，在弹出的快捷菜单中，单击【插入】|【创建

工序】📑图标，弹出【创建工序】对话框，按照如图 3-48 所示设置，单击【确定】按钮，弹出【可变轮廓铣】对话框，如图 3-49 所示。

图 3-47　辅助线

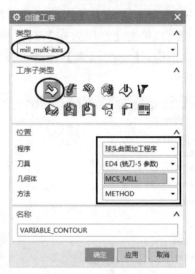

图 3-48　创建工序

3）单击【指定部件】🪀图标，打开【部件几何体】对话框。选择槽底面作为部件，如图 3-50 所示。如果不选择部件，将不能产生多刀路。

4）在【驱动方法】|【方法】中选择"曲线/点"，弹出【曲线/点驱动方法】对话框。单击【驱动几何体】|【选择曲线】，选择做好的辅助线（两个面之间的中线），如图 3-51 所示，单击【确定】按钮。

图 3-49　可变轮廓铣

图 3-50　选择部件几何体

图 3-51　选择曲线

5）在【刀轴】|【轴】中选择"垂直于部件"，如图 3-49 所示。

6）单击【切削参数】🔳图标，弹出如图 3-52 所示【切削参数】对话框。单击【多刀路】选项卡，选中【多重深度切削】，【部件余量偏置】输入"6"，【步进方法】选择"增量"，【增量】输入"0.8"（意思是刀路将会在距离选择的槽底面上偏置 6mm 处开始切削，每刀 0.8mm 深）。在【余量】|【部件余量】中输入"0.2"，如图 3-53 所示，单击【确定】按钮。

图 3-52　多刀路设置

图 3-53　加工余量设置

7）单击【进给率和速度】 ✚图标，打开【进给率和速度】对话框。【输出模式】选择 "RPM"，在【主轴速度】中输入 "3500"，在【进给率】|【切削】中输入 "800"，单击【确定】按钮，返回【可变轮廓铣】对话框。

8）单击 ┣生成图标，生成的刀具路径如图 3-54 所示。

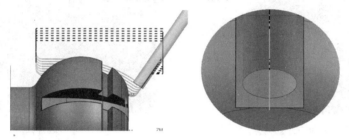

图 3-54　刀具路径

（2）两边曲线作为驱动曲线

1）鼠标右击 "球头曲面加工程序" 程序组，在弹出的快捷菜单中，单击【插入】|【创建工序】 ▶图标，弹出【创建工序】对话框，按照如图 3-55 所示设置，单击【确定】按钮，弹出【可变轮廓铣】对话框，如图 3-56 所示。

图 3-55　创建工序

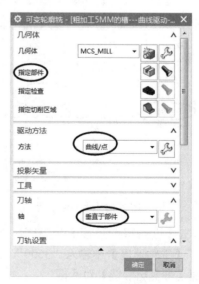

图 3-56　可变轮廓铣

2）单击【指定部件】 ⬡ 图标，打开【部件几何体】对话框。选择槽底面作为部件，如图 3-57 所示。

3）在【驱动方法】|【方法】中选择"曲线/点"，弹出【曲线/点驱动方法】对话框。单击【驱动几何体】|【选择曲线】，选择做好的辅助线（两个面之间的中线），如图 3-58 所示，单击【确定】按钮。

图 3-57　选择部件几何体

图 3-58　选择曲线

4）在【刀轴】|【轴】中选择"垂直于部件"，如图 3-56 所示。

5）单击【切削参数】 ⬚ 图标，弹出如图 3-59 所示【切削参数】对话框。单击【多刀路】，选中【多重深度切削】，【部件余量偏置】输入"6"，【步进方法】选择"增量"，【增量】输入"1.5"（意思是刀路将会在距离选择的槽底面上偏置 6mm 处开始切削，每刀 1.5mm 深）。在【余量】|【部件余量】中输入"0.2"，如图 3-60 所示，单击【确定】按钮。

图 3-59　多刀路设置

图 3-60　加工余量设置

6）单击【进给率和速度】 图标，打开【进给率和速度】对话框。【输出模式】选择"RPM"，在【主轴速度】中输入"3500"，【进给率】|【切削】中输入"800"，单击【确定】按钮，返回【可变轮廓铣】对话框。

7）单击 ▶ 生成图标，生成的刀具路径如图 3-61 所示。

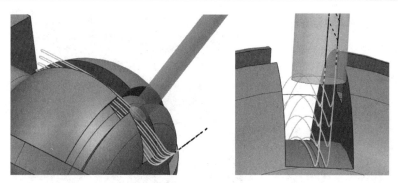

图 3-61　刀具路径

5. 精加工 5mm 的槽

1）鼠标右击"球头曲面加工程序"程序组，在弹出的快捷菜单中，单击【插入】|【创建工序】 图标，弹出【创建工序】对话框，按照如图 3-62 所示设置，单击【确定】按钮，弹出【可变轮廓铣】对话框，如图 3-63 所示。

图 3-62　创建工序　　　　　　　　　图 3-63　可变轮廓铣

2）单击【指定部件】 图标，打开【部件几何体】对话框。选择槽底面作为部件，如图 3-64 所示。

3）在【驱动方法】|【方法】中选择"曲线/点"，弹出【曲线/点驱动方法】对话框。单击【驱动几何体】|【选择曲线】，选择做好的辅助线（偏置刀具的半径，作为精加工的驱动曲线），如图 3-65 所示，单击【确定】按钮。

4）在【刀轴】|【轴】中选择"垂直于部件"，如图 3-63 所示。

5）单击【进给率和速度】 图标，打开【进给率和速度】对话框。【输出模式】选择"RPM"，在【主轴速度】中输入"3500"，【进给率】|【切削】中输入"500"，单击【确定】按钮，返回【可变轮廓铣】对话框。

6）单击 生成图标，生成的刀具路径如图 3-66 所示。

槽底面作为部件

图 3-64　选择部件几何体

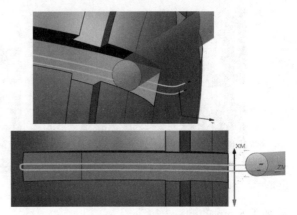

图 3-65　选择曲线　　　　　　　　　　　图 3-66　刀具路径

6. 变换/旋转/复制刀具路径

同时选中已经生成的上述 3、4、5 小节的程序，单击鼠标右键，弹出如图 3-67 所示的快捷菜单。单击【对象】|【变换】，弹出如图 3-68 所示的【变换】对话框。在【类型】下拉列表中选择"绕直线旋转"，在【变换参数】|【直线方法】选择"点和矢量"，【指定点】选择"圆心点"，在【指定矢量】选项中选择对应的轴，【角度】输入"60"；在【结果】选项组中选择"复制"，【非关联副本数】输入"5"，单击【确定】按钮。生成刀具路径如图 3-69 所示。

图 3-67　变换刀路　　　　　　　　　　　图 3-68　旋转复制刀路

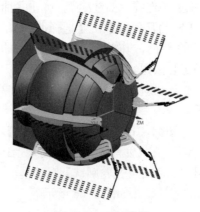

图 3-69　刀具路径

7．加工 4mm 的槽

1）单击工具栏【视图】|【图层设置】，将 102 和 104 图层设为可见，在建模里面做好辅助线和辅助面（体），如图 3-70 所示。

2）鼠标右击"球头曲面加工程序"程序组，在弹出的快捷菜单中，单击【插入】|【创建工序】📝图标，弹出【创建工序】对话框，按照如图 3-71 所示设置，单击【确定】按钮，弹出【可变轮廓铣】对话框，如图 3-72 所示。

图 3-70　辅助线/辅助面　　　　图 3-71　创建工序　　　　图 3-72　可变轮廓铣

3）单击【指定部件】🧊图标，打开【部件几何体】对话框。选择已做好的辅助体作为部件，如图 3-73 所示。

4）在【驱动方法】|【方法】中选择"曲线/点"，弹出【曲线/点驱动方法】对话框。单击【驱动几何体】|【选择曲线】，选择做好的辅助线，如图 3-74 所示，单击【确定】按钮。

5）在【刀轴】|【轴】中选择"垂直于部件"，如图 3-72 所示。

6）单击【切削参数】🔲图标，弹出【切削参数】对话框。在【多刀路】|【多重深度】|【部件余量偏置】中输入"3"，选中【多重深度切削】，【步进方法】选择"增量"，【增量】输入"0.5"；如图 3-75 所示。

图 3-73　选择部件几何体　　　图 3-74　选择曲线　　　　图 3-75　多刀路

7）单击【进给率和速度】🐾图标，打开【进给率和速度】对话框。【输出模式】选择"RPM"，在【主轴速度】中输入"3500"，在【进给率】|【切削】中输入"500"，单击【确定】按钮，返回【可变轮廓铣】对话框。

8）单击📐生成图标，生成的刀具路径如图 3-76 所示。

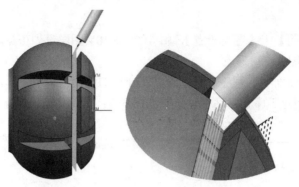

图 3-76　刀具路径

3.4.3　创建六边形加工程序

1. 精加工六边形

1）鼠标右击"六边形加工程序"程序组，在弹出的快捷菜单中，单击【插入】|【创建工序】 图标，弹出【创建工序】对话框，按照如图 3-77 所示设置，单击【确定】按钮，弹出【底壁铣】对话框，如图 3-78 所示。

2）单击【几何体】|【指定切削区底面】，打开【切削区域】对话框。选择六边形任意一个面，单击【确定】按钮，如图 3-79 所示。

图 3-77　创建面铣加工工序

图 3-78　底壁铣

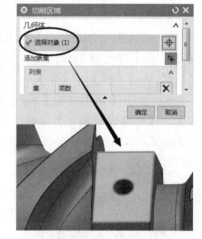

图 3-79　指定切削区域

3）在【刀轴】|【轴】中选择"垂直于第一个面"。在【刀轨设置】|【切削模式】中选择" 往复"，【最大距离】输入"50"，其余默认，如图 3-78 所示。

4）单击【进给率和速度】 图标，打开【进给率和速度】对话框。【输出模式】选择"RPM"，在【主轴速度】中输入"3500"，在【进给率】|【切削】中输入"600"，单击【确定】按钮，返回【底壁铣】对话框。

5）单击 生成图标，生成的刀具路径如图 3-80 所示。

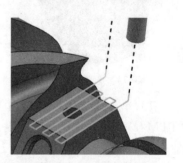

图 3-80　生成的刀具路径

6）变换/旋转/复制刀具路径

选择上面编写的程序，单击鼠标右键，弹出如图 3-81 所示的菜单，单击【对象】|【 变换】，弹出如图 3-82 所示的【变换】对话框。在【类型】下拉列表中选择"绕直线旋转"；在【变换参数】|【直线方法】中选择"点和矢量"，【指定点】选择"圆心"，在【指定矢量】选项中选择对应的轴，【角度】输入"60"；在【结果】选项组中选择"复制"，【非关联副本数】输入"5"，单击【确定】按钮，生成刀具路径如图 3-83 所示。

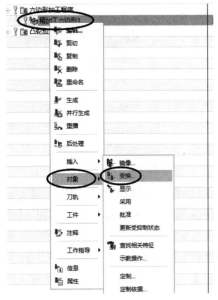

图 3-81 变换刀路　　　　　图 3-82 旋转复制刀路　　　　　图 3-83 刀具路径

2. 钻 3×φ6mm 的孔

1）鼠标右击"六边形加工程序"程序组，在弹出的快捷菜单中，单击【插入】|【创建工序】 图标，弹出【创建工序】对话框，按照如图 3-84 所示设置，单击【确定】按钮，弹出【钻孔】对话框，如图 3-85 所示。

图 3-84 创建钻孔工序　　　　　图 3-85 钻孔

2）单击指定特征几何体 图标，弹出【特征几何体】对话框。单击【选择对象】，选择如图 3-86 所示的 1、2、3 孔，单击【确定】按钮。

3）在【钻孔】对话框中的【循环类型】中选择"标准钻"，如图 3-87 所示。

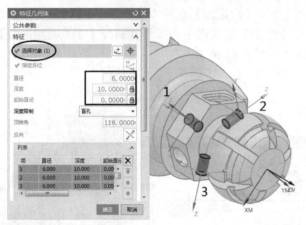

图 3-86 指定孔   图 3-87 循环选择

4）单击【非切削移动】 图标，打开【非切削移动】对话框。在【转移/快速】|【安全设置选项】中选择"圆柱"，【指定点】选择"圆心"，【指定矢量】选项中选择对应的轴，【半径】输入"40"，如图 3-88 所示，单击【确定】按钮。

5）单击【进给率和速度】 图标，打开【进给率和速度】对话框。【输出模式】选择"RPM"，在【主轴速度】中输入"1200"，在【进给率】|【切削】中输入"80"，单击【确定】按钮，返回【钻孔】对话框。

6）单击 生成图标，生成的刀具路径如图 3-89 所示。

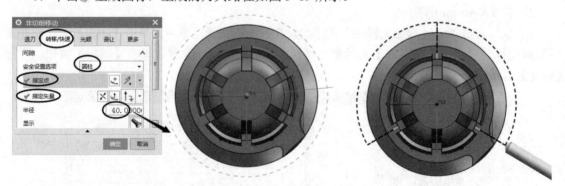

图 3-88 非切削移动设置   图 3-89 生成的刀具路径

3. 粗加工六边形上的圆弧槽

1）鼠标右击"六边形加工程序"程序组，在弹出的快捷菜单中，单击【插入】|【创建工序】 图标，弹出【创建工序】对话框，选择"深度轮廓铣"，按如图 3-90 所示设置，单击【确定】按钮，弹出如图 3-91 所示的【深度轮廓铣】对话框。

2）单击【指定切削区域】 图标，弹出【切削区域】对话框，单击【选择对象】，选择圆弧槽，如图 3-92 所示。

3）在【深度轮廓铣】对话框的【刀轴】|【轴】中选择"指定矢量"；在【指定矢量】选项中选择"面"，如图 3-93 所示。

图 3-90 创建工序

图 3-91 深度轮廓铣

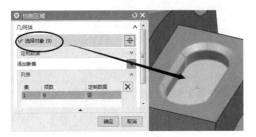

图 3-92 指定切削区域

图 3-93 指定矢量图

4）【公共每刀切削深度】选择"恒定"，【最大距离】输入"0.3"。如图 3-91 所示。

5）单击【切削参数】![图标]图标，弹出【切削参数】对话框。在【连接】|【层到层】中选择"沿部件斜进刀"，【斜坡角】输入"1"，如图 3-94 所示。在【余量】|【部件侧面余量】和【部件底部余量】中分别输入"0.1"，如图 3-95 所示，单击【确定】按钮。

6）【非切削移动】采用默认即可。

7）单击【进给率和速度】![图标]图标，打开【进给率和速度】对话框。【输出模式】选择"RPM"，在【主轴速度】中输入"3500"，在【进给率】|【切削】中输入"500"，单击【确定】按钮。

8）单击![图标]生成图标，生成的刀具路径如图 3-96 所示。

图 3-94 连接参数设置

图 3-95 设置余量

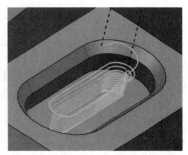

图 3-96 刀具路径

4. 粗加工六边形上的圆孔

1）鼠标右击"六边形加工程序"程序组，在弹出的快捷菜单中，单击【插入】|【创建工序】图标，弹出【创建工序】对话框，选择"深度轮廓铣"，按如图 3-97 所示设置，单击【确定】按钮，弹出如图 3-98 所示的【深度轮廓铣】对话框。

图 3-97　创建工序

图 3-98　深度轮廓铣

2）单击【指定切削区域】图标，弹出【切削区域】对话框，单击【选择对象】，选择圆孔，如图 3-99 所示。

3）在【深度轮廓铣】对话框的【刀轴】|【轴】中选择"指定矢量"，在【指定矢量】选项中选择"面"，如图 3-100 所示。

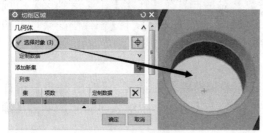

图 3-99　指定切削区域

图 3-100　指定矢量图

4）在【刀轨设置】|【公共每刀切削深度】中选择"恒定"，【最大距离】输入"0.3"。如图 3-98 所示

5）单击【切削参数】图标，弹出【切削参数】对话框。在【连接】|【层到层】中选择"沿部件斜进刀"，【斜坡角】输入"1"，如图 3-101 所示。在【余量】|【部件侧面余量】和【部件底部余量】中分别输入"0.1"，如图 3-102 所示，单击【确定】按钮。

6）【非切削移动】采用默认即可。

7）单击【进给率和速度】图标，打开【进给率和速度】对话框。【输出模式】选择"RPM"，在【主轴速度】中输入"3500"，在【进给率】|【切削】中输入"500"，单击【确定】按钮。

8）单击 生成图标，生成的刀具路径如图 3-103 所示。

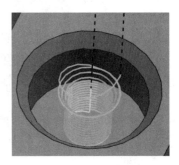

图 3-101　连接参数设置　　　　图 3-102　设置余量　　　　图 3-103　刀具路径

5. 粗加工六边形上的圆半球

1）鼠标右击"六边形加工程序"程序组，在弹出的快捷菜单中，单击【插入】|【创建工序】 图标，弹出【创建工序】对话框，选择"深度轮廓铣"，按如图 3-104 所示设置，单击【确定】按钮，弹出如图 3-105 所示的【深度轮廓铣】对话框。

图 3-104　创建工序　　　　　　　　　图 3-105　深度轮廓铣

2）单击【指定切削区域】 图标，弹出【切削区域】对话框，单击【选择对象】，选择圆半球，如图 3-106 所示。

3）在【深度轮廓铣】对话框的【刀轴】|【轴】中选择"指定矢量"，在【指定矢量】选项中选择"面"，如图 3-107 所示。

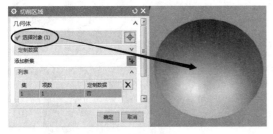

图 3-106　指定切削区域　　　　　　　　图 3-107　指定矢量图

4）在【刀轨设置】|【公共每刀切削深度】选择"恒定",【最大距离】输入"0.3"。如图 3-105 所示。

5）单击【切削参数】 ⚏ 图标,弹出【切削参数】对话框。在【连接】|【层到层】中选择"沿部件斜进刀",【斜坡角】输入"1",如图 3-108 所示。在【余量】|【部件侧面余量】和【部件底部余量】中分别输入"0.1",如图 3-109 所示,单击【确定】按钮。

6）【非切削移动】采用默认即可。

7）单击【进给率和速度】 🔩 图标,打开【进给率和速度】对话框。【输出模式】选择"RPM",在【主轴速度】中输入"3500",在【进给率】|【切削】中输入"500",单击【确定】按钮。

8）单击 ╞ 生成图标,生成的刀具路径如图 3-110 所示。

图 3-108　连接参数设置

图 3-109　设置余量

图 3-110　刀具路径

6. 精加工六边形上的圆弧槽

1）鼠标右击"六边形加工程序"程序组,在弹出的对话框中,单击【插入】|【创建工序】 ╞ 图标,弹出【创建工序】对话框,选择"实体轮廓 3D",按如图 3-111 所示设置,单击【确定】按钮,弹出如图 3-112 所示【实体轮廓 3D】对话框。

2）单击【指定壁】 ⬡ 图标,打开【壁几何体】对话框。单击【选择对象】,选择圆弧槽侧壁,如图 3-113 所示。

图 3-111　创建工序

图 3-112　实体轮廓 3D

图 3-113　指定壁/指定矢量

3）在【刀轴】|【轴】中选择"指定矢量"，在【指定矢量】选项中选择"平面法向"，鼠标单击平面即可，如图 3-113 所示。

4）【切削参数】采用默认即可。

5）单击【非切削移动】 ⌷ 图标，打开【非切削移动】对话框。在【进刀】|【封闭区域】|【进刀类型】中选择"无"；在【开放区域】|【进刀类型】中选择"点"，【进刀点】选择"两侧壁之间的点"，如图 3-114 所示。

6）单击【进给率和速度】 🔩 图标，打开【进给率和速度】对话框。在【主轴速度】中输入"3500"，在【进给率】|【切削】中输入"500"，单击【确定】按钮。

7）单击 ⬇ 生成图标，生成的刀具路径如图 3-115 所示。

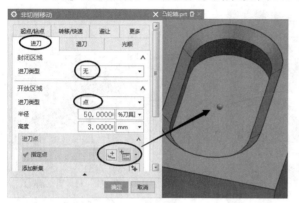

图 3-114　非切削移动参数设置

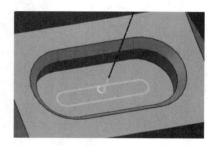

图 3-115　刀具路径

7. 精加工六边形上的圆孔

1）鼠标右击 "六边形加工程序"程序组，在弹出的对话框中，单击【插入】|【创建工序】 🔧 图标，弹出【创建工序】对话框，选择"实体轮廓 3D"，按如图 3-116 所示设置，单击【确定】按钮，弹出如图 3-117 所示"实体轮廓 3D"对话框。

2）单击【指定壁】 ⬡ 图标，打开【壁几何体】对话框。单击【选择对象】，选择圆孔侧壁，如图 3-118 所示。

图 3-116　创建工序

图 3-117　实体轮廓 3D

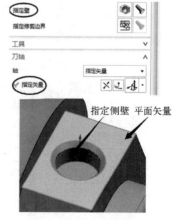

图 3-118　指定壁/指定矢量

3）在【刀轴】|【轴】中选择"指定矢量"，在【指定矢量】选项中选择"平面法向"，鼠标单击平面即可，如图 3-118 所示。

4）【切削参数】采用默认即可。

5）单击【非切削移动】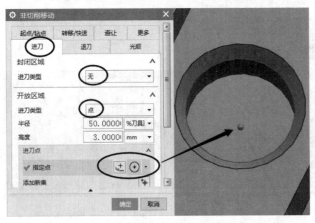图标，打开【非切削移动】对话框。在【进刀】|【封闭区域】|【进刀类型】中选择"无"；【开放区域】|【进刀类型】中选择"点"，【进刀点】选择"圆心点"，如图 3-119 所示。

6）单击【进给率和速度】图标，打开【进给率和速度】对话框。在【主轴速度】中输入"3500"，在【进给率】|【切削】中输入"500"，单击【确定】按钮。

7）单击生成图标，生成的刀具路径如图 3-120 所示。

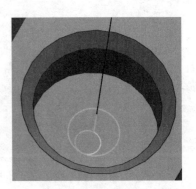

图 3-119　非切削移动参数设置 　　　　　　　　　图 3-120　刀具路径

8. 精加工六边形上的圆半球

1）鼠标右击 "六边形加工程序"程序组，在弹出的对话框中，单击【插入】|【创建工序】图标，弹出【创建工序】对话框，选择"固定轮廓铣"，按如图 3-121 所示设置，单击【确定】按钮，弹出如图 3-122 所示【固定轮廓铣】对话框。

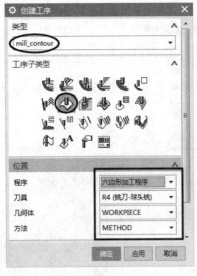

图 3-121　创建工序 　　　　　　　　　　　图 3-122　固定轮廓铣

2）单击【指定切削区域】 🔩 图标，打开【切削区域】对话框。选择圆半球曲面，如图 3-123 所示。

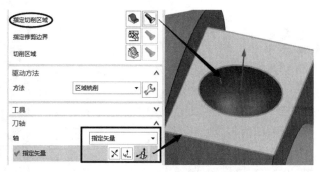

图 3-123　指定切削区域/指定矢量

3）【驱动方法】|【方法】中选择"区域铣削"，弹出如图 3-124 所示的【区域铣削驱动方法】对话框。【非陡峭切削模式】选择"跟随周边"，【刀路方向】选择"向内"，【步距】选择"恒定"，【最大距离】输入"0.2"，【步距已应用】选择"在部件上"，单击【确定】按钮。

4）在【刀轴】|【轴】中选择"指定矢量"在【指定矢量】选项中选择"平面法向"，鼠标单击平面即可，如图 3-123 所示。

5）【切削参数】和【非切削移动】采用默认即可。

6）单击【进给率和速度】 🐾 图标，打开【进给率和速度】对话框。【输出模式】选择"RPM"，在【主轴速度】中输入"3500"，在【进给率】|【切削】中输入"800"，单击【确定】按钮。

7）单击 🕨 生成图标，生成的刀具路径如图 3-125 所示。

图 3-124　区域铣削驱动方法

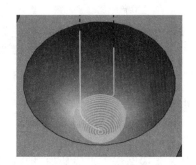

图 3-125　刀具路径

9. 加工六边形上的圆弧槽倒角

1）鼠标右击 "六边形加工程序"程序组，在弹出的对话框中，单击【插入】|【创建工序】 🕩 图标，弹出【创建工序】对话框，选择"实体轮廓 3D"，按如图 3-126 所示设置，单击【确定】按钮，弹出如图 3-127 所示【实体轮廓 3D】对话框。

2）单击【指定壁】 🔘 图标，打开【壁几何体】对话框。单击【选择对象】，选择圆弧槽倒角，如图 3-127 所示。

3）在【刀轴】|【轴】中选择"指定矢量"，在【指定矢量】选项中选择"平面法向"，如图 3-127 所示。

4）【部件余量】输入"-2"；【Z 向深度偏置】输入"2"，如图 3-127 所示。

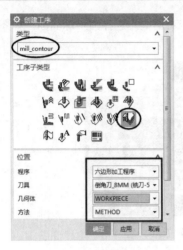

图 3-126　创建工序　　　　　　图 3-127　实体轮廓 3D

5）单击【非切削移动】图标，打开【非切削移动】对话框。在【进刀】|【封闭区域】|【进刀类型】中选择"无"；在【开放区域】|【进刀类型】中选择"点"，【进刀点】选择两侧壁之间的点，如图 3-128 所示。

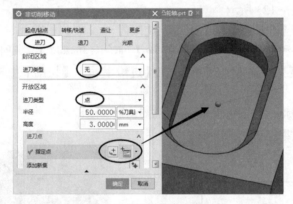

图 3-128　非切削移动参数设置

6）单击【进给率和速度】图标，打开【进给率和速度】对话框。【输出模式】选择"RPM"，在【主轴速度】中输入"3500"，在【进给率】|【切削】中输入"500"，单击【确定】按钮。

7）单击生成图标，生成的刀具路径如图 3-129 所示。

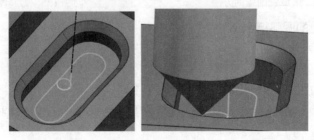

图 3-129　刀具路径

10. 加工六边形上的圆孔倒角

1）鼠标右击"六边形加工程序"程序组，在弹出的对话框中，单击【插入】|【创建工

序】图标，弹出【创建工序】对话框，选择"实体轮廓 3D"，按如图 3-130 所示设置，单击【确定】按钮，弹出如图 3-131 所示【实体轮廓 3D】对话框。

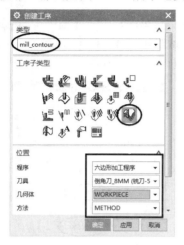

图 3-130　创建工序　　　　　　　图 3-131　实体轮廓 3D

2）单击【指定壁】图标，打开【壁几何体】对话框。单击【选择对象】，选择圆弧槽倒角，如图 3-131 所示。

3）在【刀轴】|【轴】中选择"指定矢量"，在【指定矢量】选项中选择"平面法向"，如图 3-131 所示。

4）在【刀轨设置】|【部件余量】中输入"-2"，【Z 向深度偏置】输入"2"，如图 3-131 所示。

5）单击【非切削移动】图标，打开【非切削移动】对话框。在【进刀】|【封闭区域】|【进刀类型】中选择"无"；在【开放区域】|【进刀类型】中选择"点"，【进刀点】选择"圆心点"，如图 3-132 所示。

6）单击【进给率和速度】图标，打开【进给率和速度】对话框。【输出模式】选择"RPM"，在【主轴速度】中输入"3500"，在【进给率】|【切削】中输入"500"，单击【确定】按钮。

7）单击生成图标，生成的刀具路径如图 3-133 所示。

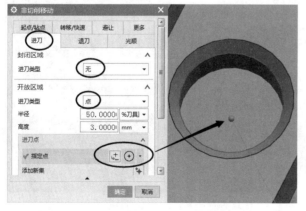

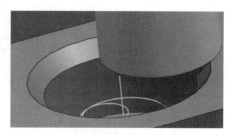

图 3-132　非切削移动参数设置　　　　　　图 3-133　刀具路径

3.4.4 创建凸轮加工程序

3.4.4

1. 加工凸轮 A 面

1）鼠标右击"凸轮加工程序"程序组，在弹出的快捷菜单中，单击【插入】|【创建工序】📄图标，弹出【创建工序】对话框，按照如图 3-134 所示设置，单击【确定】按钮，弹出【可变轮廓铣】对话框，如图 3-135 所示。

图 3-134　创建工序　　　　　　图 3-135　可变轮廓铣

2）在【驱动方法】|【方法】中选择"曲面区域"，弹出【曲面区域驱动方法】对话框，如图 3-136 所示。单击【指定驱动几何体】❖图标，打开【驱动几何体】对话框。选择 A 面，如图 3-137 所示，单击【确定】按钮。单击【切削方向】➡图标，选择如图 3-138 所示的箭头方向，注意检查材料侧方向是否正确。在【驱动设置】|【切削模式】中选择"往复"，【步距数】输入"15"，单击【确定】按钮。

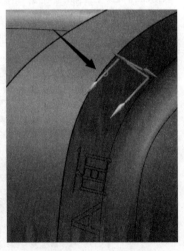

图 3-136　选择驱动几何体　　　图 3-137　选择曲面　　　图 3-138　指定切削方向

3）在【投影矢量】|【矢量】中选择"垂直于驱动体"，如图 3-135 所示。

4）在【刀轴】|【轴】中选择 "4 轴，相对于驱动体"，如图 3-135 所示。

5）【切削参数】和【非切削移动】参数采用默认即可。

6）单击【进给率和速度】🗃图标，打开【进给率和速度】对话框。【输出模式】选择 "RPM"，在【主轴速度】中输入 "3500"，在【进给率】|【切削】中输入 "500"，单击【确定】按钮，返回【可变轮廓铣】对话框。

7）单击▶生成图标，生成的刀具路径如图 3-139 所示。

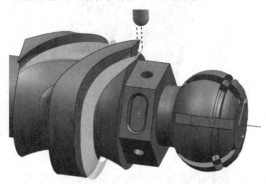

图 3-139　刀具路径（A 面）

2. 加工凸轮 B 面

1）鼠标右击 "凸轮加工程序" 程序组，在弹出的快捷菜单中，单击【插入】|【创建工序】🗃图标，弹出【创建工序】对话框，按照如图 3-140 所示设置，单击【确定】按钮，弹出【可变轮廓铣】对话框，如图 3-141 所示。

图 3-140　创建工序

图 3-141　可变轮廓铣

2）在【驱动方法】|【方法】中选择 "曲面区域"，弹出【曲面区域驱动方法】对话框如图 3-142 所示。单击【指定驱动几何体】◈图标，打开【驱动几何体】对话框。选择 B 面，如图 3-143 所示，单击【确定】按钮。单击【切削方向】⬆图标，选择如图 3-144 所示的箭头方向，注意检查材料侧方向是否正确。在【驱动设置】|【切削模式】选择 "往复"，【步距数】输入 "15"，单击【确定】按钮。

图 3-142　选择驱动几何体　　　　图 3-143　选择曲面　　　　图 3-144　指定切削方向

3）在【投影矢量】|【矢量】中选择"垂直于驱动体"，如图 3-141 所示。

4）在【刀轴】|【轴】中选择"4 轴，相对于驱动体"，如图 3-141 所示。

5）【切削参数】和【非切削移动】参数采用默认即可。

6）单击【进给率和速度】![icon]图标，打开【进给率和速度】对话框。【输出模式】选择"RPM"，在【主轴速度】中输入"3500"，在【进给率】|【切削】中输入"500"，单击【确定】按钮，返回【可变轮廓铣】对话框。

7）单击![icon]生成图标，生成的刀具路径如图 3-145 所示。

3．加工凸轮底圆柱面（旋转底面铣）

1）鼠标右击"凸轮加工程序"程序组，在弹出的快捷菜单中，单击【插入】|【创建工序】![icon]图标，弹出【创建工序】对话框，按照如图 3-146 所示设置，单击【确定】按钮，弹出【旋转底面铣】对话框，如图 3-147 所示。

图 3-145　刀具路径（B 面）　　　　　　　图 3-146　创建工序

2）单击【指定部件】![icon]图标，打开【部件几何体】对话框。选择实体零件。

3）单击【指定底面】![icon]图标，打开【底面几何体】对话框。选择要加工的底面，如图 3-148 所示。

图 3-147 旋转底面铣

图 3-148 选择对象

4）单击【指定壁】 图标，打开【壁几何体】对话框。选择标识出来的"A 面"和"B面"，如图 3-149 所示。

5）在【驱动方法】|【旋转底面精加工】中单击 图标，弹出如图 3-150 所示的对话框。在【指定矢量】选项中选择对应的旋转轴，【指定点】选择"圆心点"，【方向类型】选择"绕轴向"，【切削模式】选择"往复"，【切削方向】选择"混合"，【指定起始位置】根据需求选择（即第一刀切削的起点），【步距】选择"恒定"，【最大距离】输入"0.3"，单击【确定】按钮。

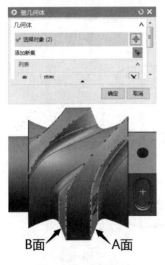

图 3-149 指定壁

图 3-150 选择底面精加工

6）【切削参数】和【非切削移动】采用默认即可。

7）单击【进给率和速度】 图标，打开【进给率和速度】对话框。【输出模式】选择

"RPM"，在【主轴速度】中输入"3500"，在【进给率】｜【切削】中输入"500"，单击【确定】按钮，返回【旋转底面铣】对话框。

8）单击 生成图标，生成的刀具路径如图 3-151 所示。

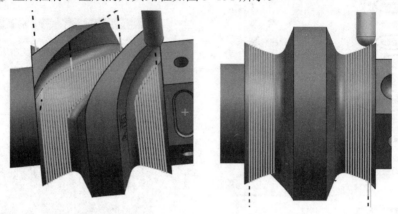

图 3-151　刀具路径

温馨提示：以上刀具路径，为了方便观察，【步距】｜【最大距离】由"0.3"改成"1"。

4. 加工凸轮外圆柱面

1）鼠标右击"凸轮加工程序"程序组，在弹出的快捷菜单中，单击【插入】｜【创建工序】图标，弹出【创建工序】对话框，按照如图 3-152 所示设置，单击【确定】按钮，弹出【可变轮廓铣】对话框，如图 3-153 所示。

图 3-152　创建工序

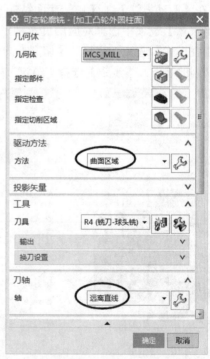

图 3-153　可变轮廓铣

2）在【驱动方法】｜【方法】中选择"曲面区域"，弹出如图 3-154 所示的【曲面区域驱

动方法】对话框。单击【指定驱动几何体】 图标，打开【驱动几何体】对话框。选择外圆柱面，如图 3-155 所示，单击【确定】按钮。单击【切削方向】 图标，选择如图 3-156 所示的箭头方向，注意检查材料侧方向是否正确。在【驱动设置】|【切削模式】中选择"往复"，【步距】选择"数量"，【步距数】输入"30"，单击【确定】按钮。

图 3-154　选择驱动几何体　　　　　　　图 3-155　选择驱动曲面

3）在【刀轴】|【轴】中选择"远离直线"。在【指定矢量】选项中选择对应的旋转轴，【指定点】选择"圆心点"，如图 3-153 所示。

4）单击【进给率和速度】 图标，打开【进给率和速度】对话框。【输出模式】选择"RPM"，在【主轴速度】中输入"3500"，在【进给率】|【切削】中输入"800"，单击【确定】按钮。

5）单击 生成图标，生成的刀具路径如图 3-157 所示。

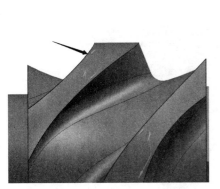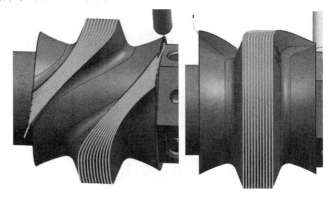

图 3-156　指定切削方向　　　　　　　　图 3-157　刀具路径

温馨提示： 以上刀具路径，为了方便观察，【步距数】由"30"改成"10"。

3.5　后处理输出程序

　　分别输出"对半粗加工程序""球头曲面加工程序""六边形加工程序""凸轮加工程序"程序组。例如，鼠标右击"对半粗加工程序"，在弹出的快捷菜单中，选择【 后处理】，单击

【浏览以查找后处理器】图标，选择预先设置好的五轴加工中心后处理"Fanuc_5axis_AC"，在【文件名】文本框中输入程序路径和名称，单击【确定】按钮，如图3-158所示。

图3-158　输出程序

3.6　Vericut 程序验证

将所有后置处理输出的程序，导入 Vericut 8.2.1 软件，仿真演示结果如图3-159所示。

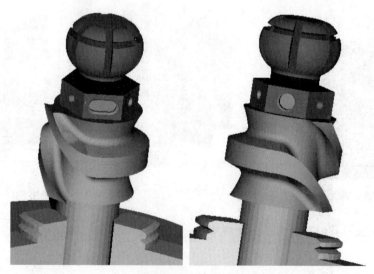

图3-159　仿真演示结果

第4章　基座编程与加工

【教学目标】

知识目标：

掌握型腔铣粗加工的参数设置方法。

掌握 3+2 定轴铣的特点。

掌握曲面、曲线驱动的编程方法。

掌握多轴编程里的刀轴使用技巧。

掌握多轴编程里的外形轮廓铣的方法。

掌握平面铣加工的编程方法。

掌握用区域轮廓铣加工曲面的参数设置方法。

掌握 3+2 钻孔的编程方法。

掌握铣螺纹的编程方法。

掌握变换刀具路径方法。

掌握调出钻孔【drill】模块的方法。

能力目标：能运用 UG NX 软件完成基座的编程与后置处理、仿真加工和程序验证。

【教学重点与难点】

3+2 定轴铣的特点；多轴编程驱动方法的使用；多轴编程里的刀轴使用技巧。

【本章导读】

图 4-1 所示为基座零件。

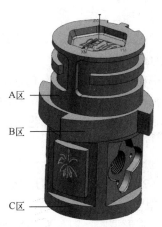

基座二维工程图

图 4-1　基座

制定合理的加工工艺，完成基座零件的刀具路径设置及仿真加工，将程序后置处理并导入

Vericut 验证。

4.1～4.3

4.1 工艺分析与刀路规划

1．加工方法

本例中的基座，使用定轴 3+2、四轴和五轴联动编写粗、精加工程序。

2．毛坯选用

本例中的毛坯选用铝合金，尺寸为 ϕ140 mm×250 mm 的棒料。

3．刀路规划

（1）顶部倒扣型腔加工

① 粗加工顶部平面，刀具为 ED10 平底刀，加工余量为 0.2。

② 精加工顶部平面，刀具为 ED10 平底刀。

③ 精加工顶部内壁，刀具为 R3 球头刀。

④ 精加工顶部倒圆角。

（2）A 区及环槽加工

① 粗加工 A 区圆柱面，刀具为 ED10 平底刀，加工余量为 0.1。

② 精加工 A 区圆柱面，刀具为 ED10 平底刀。

③ 粗加工环槽，刀具为 ED14 平底刀，加工余量为 0.1。

④ 精加工环槽，刀具为 ED14 平底刀。

⑤ 精加工环槽侧臂，刀具为 ED14 平底刀。

⑥ 镜像加工。

（3）B 区凸扣加工

① 粗加工 B 区，刀具为 ED14 平底刀，加工余量为 0.1。

② 精加工 B 区曲面，刀具为 ED14 平底刀。

③ 精加工 B 区直壁，刀具为 ED14 平底刀。

（4）C 区圆柱面加工

① 粗加工 C 区圆柱面。

② 精加工 C 区圆柱面。

（5）C 区梅花形型腔、钻孔、铣孔、铣螺纹加工

① 钻孔，刀具为 ϕ23mm 麻花钻。

② 粗加工 C 区梅花形型腔，刀具为 ED14 平底刀，加工余量为 0.1。

③ 精加工 C 区梅花形型腔平面，刀具为 ED14 平底刀。

④ 钻孔 4×ϕ5mm，刀具为 ϕ5mm 麻花钻。

⑤ 铣螺纹孔，刀具为 ED14 平底刀。

⑥ 倒角，刀具为 8mm 倒角刀。

⑦ 铣螺纹 M26×2，刀具为螺纹铣刀。

（6）C 区椭圆形型腔加工

① 粗加工 C 区椭圆形型腔，刀具为 ED6 平底刀，加工余量为 0.1。

② 精加工 C 区椭圆形型腔平面，刀具为 ED6 平底刀。

③ 精加工 C 区椭圆形型腔侧壁，刀具为 ED14 平底刀。

④ 倒角，刀具为 8mm 倒角刀。

（7）C 区凹曲面及雕刻字加工

① 粗加工 C 区凹曲面，刀具为 ED6 平底刀，加工余量为 0.1。

② 精加工 C 区凹曲面，刀具为 R3 球头刀。

③ 雕刻图案，刀具为刻字刀。

（8）C 区凸台曲面及雕刻花纹加工程序

① 粗加工 C 区曲面凸台，刀具为 ED6 平底刀，加工余量为 0.1。

② 精加工 C 区曲面凸台，刀具为 ED6 平底刀。

③ 雕刻花纹，刀具为刻字刀。

4.2　创建几何体

进入加工环境。单击【文件（F）】，在【启动】选项卡中选择【　加工】，在弹出的【加工环境】对话框中，按如图 4-2 所示设置，单击【确定】按钮。

4.2.1　创建加工坐标系

在当前界面最左侧单击工序导航器　，空白处鼠标右击，在弹出的快捷菜单中，选择【几何视图】，单击【MCS_MILL】前的"+"可将其展开。双击　MCS_MILL 节点图标，弹出如图 4-3 所示的对话框，在【安全设置选项】中选择"自动平面"，在【安全距离】文本框中输入需要的安全距离（默认为 10mm）。在【指定 MCS】处单击　，弹出图 4-4 所示的对话框，然后拾取端面圆心建立加工坐标系，单击【确定】按钮，如图 4-4 所示。其余默认，最后单击【确定】按钮。

图 4-2　进入加工环境

图 4-3　设置 MCS

图4-4　建立加工坐标系

4.2.2　创建工件几何体

双击 WORKPIECE 节点图标，弹出【工件】对话框，如图 4-5 所示。单击【指定部件】图标，弹出【部件几何体】对话框，如图 4-6 所示，选择基座为部件几何体，单击【确定】按钮。单击【工件】对话框中的【指定毛坯】图标，弹出【毛坯几何体】对话框，如图 4-7 所示。在类型下拉列表中提供了七种建立毛坯的方法，本例选择包容圆柱体作为毛坯，单击【确定】按钮。继续单击【确定】按钮，完成工件几何体设置。

图4-5　【工件】对话框

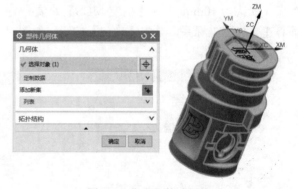

图4-6　指定部件几何体

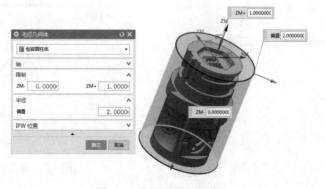

图4-7　指定毛坯几何体

4.3 创建刀具

在工序导航器状态下，空白处鼠标右击，在弹出的快捷菜单中，选择【　机床视图】，在工具条中单击【创建刀具】　图标，弹出【创建刀具】对话框，如图 4-8 所示，在【类型】中选择 "mill_multi_axis"，在【刀具子类型】中选择　MILL，在【名称】文本框中输入 "ED10"，单击【确定】按钮，弹出【铣刀_5 参数】对话框，如图 4-9 所示。在【尺寸】选项组中：【直径】输入 "10"，【下半径】输入 "0"，【长度】输入实际值（默认为 75），【刀刃长度】输入实际值（默认为 50）。在【编号】选项组中：【刀具号】作为 1 号刀具，故输入 "1"，【补偿寄存器】（长度补偿）和【刀具补偿寄存器】（半径补偿）都输入 "1"，单击【确定】按钮，完成刀具的创建。

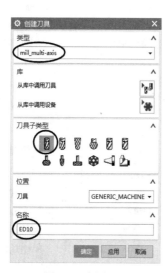

图 4-8　创建刀具

图 4-9　刀具参数设置

用同样方法创建其他刀具：ED6、ED14、倒角刀_8mm、R3、刻字刀、DRILLING_5、DRILLING_23、螺纹铣刀ϕ16mm、R2。

4.4 创建工序

1）在工序导航器状态下，空白处鼠标右击，在弹出的快捷菜单中，选择【　程序顺序图】，在工具条中单击【创建程序】　图标，打开【创建程序】对话框。在【创建程序】对话框的【名称】文本框中输入需要创建的程序组名称，例如 "顶部倒扣型腔加工程序"，如图 4-10 所示，其余默认，单击【确定】按钮，完成程序组的创建。

图 4-10　创建程序组

2）用同样的方法继续创建："A 区及环槽加工程序""B 区凸扣加工程序""C 区圆柱面

加工程序""C 区梅花形型腔—钻孔—铣孔—铣螺纹加工程序""C 区椭圆形型腔加工程序""C 区凹曲面及雕刻字加工程序""C 区凸台曲面及雕刻花纹加工程序"的程序组名称。

4.4.1

4.4.1 创建顶部倒扣型腔加工程序

1. 顶部粗加工

1）鼠标右击"顶部倒扣型腔加工程序"程序组，在弹出的快捷菜单中，单击【插入】|【创建工序】图标，弹出【创建工序】对话框，按如图 4-11 所示设置，单击【确定】按钮，弹出如图 4-12 所示的【型腔铣】对话框。

图 4-11　创建型腔铣

图 4-12　【型腔铣】对话框

2）单击【指定切削区域】图标，打开【切削区域】对话框。选择加工部位，如图 4-13 所示。

图 4-13　指定切削区域

3）在【刀轨设置】|【切削模式】中选择"跟随周边"，【公共每刀切削深度】选择"恒定"，【最大距离】中输入"0.5"，如图 4-12 所示。

4）单击【切削参数】图标，弹出【切削参数】对话框。在【策略】|【切削方向】中选择"逆铣"，【切削顺序】中选择"深度优先"，【刀路方向】中选择"向外"，如图 4-14 所示。单击【余量】选项卡，选中"使底面余量与侧面余量一致"，【部件侧面余量】输入"0.2"，其余默认，如图 4-15 所示，单击【确定】按钮，返回【型腔铣】对话框。

图 4-14　策略设置

图 4-15　余量设置

5）单击【非切削移动】图标，弹出【非切削移动】对话框，在【进刀】|【封闭区域】|【进刀类型】中选择"螺旋"，【斜坡角度】输入"1.5"，【高度】输入"0.5"；在【开放区域】|【进刀类型】中选择"与封闭区域相同"，如图 4-16 所示（进刀选项的参数可以为默认参数，也可以根据需求设置最理想化的参数）。

如图 4-17 所示，在【转移/快速】|【区域内】|【转移类型】中选择"直接"，其余默认即可。

图 4-16　非切削移动设置

图 4-17　转移设置

6）单击【进给率和速度】图标，打开【进给率和速度】对话框。【输出模式】选择"RPM"，在【主轴速度】中输入"3500"，在【进给率】|【切削】中输入"1500"，如图 4-18 所示。单击【确定】按钮，返回【型腔铣】对话框。

7）单击生成图标，生成的刀具路径如图 4-19 所示。

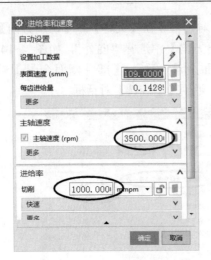

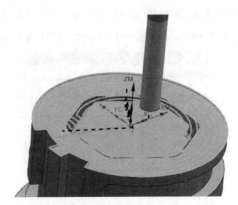

图 4-18　进给率和速度设置　　　　　　图 4-19　生成刀具路径

2. 精加工顶部平面

1）鼠标右击"顶部倒扣型腔加工程序"程序组，在弹出的快捷菜单中，单击【插入】|
【创建工序】 图标，弹出【创建工序】对话框，按照如图 4-20 所示设置，单击【确定】按
钮，弹出【底壁铣】对话框，如图 4-21 所示。

2）单击【指定切削区底面】 图标，打开【切削区域】对话框。选择顶部平面，如图 4-22
所示，单击【确定】按钮。

图 4-20　创建工序　　　　　图 4-21　底壁铣　　　　　图 4-22　指定切削区域底面

3）在【刀轴】|【轴】中选择"垂直于第一个面"。在【刀轨设置】|【切削模式】中选
择"跟随周边"，【步距】选择"恒定"，【最大距离】输入"50"，其余默认，如图 4-21 所示。

4）单击【进给率和速度】![icon]图标，打开【进给率和速度】对话框。【输出模式】选择"RPM"，在【主轴速度】中输入"3500"，在【进给率】|【切削】中输入"800"，单击【确定】按钮，返回【底壁铣】对话框。

5）单击![icon]生成图标，生成的刀具路径如图4-23所示。

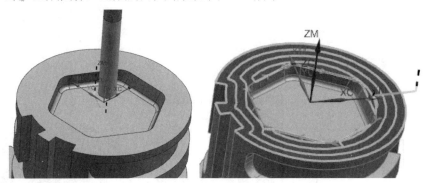

图 4-23　生成的刀具路径

3．精加工顶部内侧轮廓

1）鼠标右击"顶部倒扣型腔加工程序"程序组，在弹出的快捷菜单中，单击【插入】|【创建工序】![icon]图标，弹出【创建工序】对话框，按照如图 4-24 所示设置，单击【确定】按钮，弹出【可变轮廓铣】对话框，如图4-25所示。

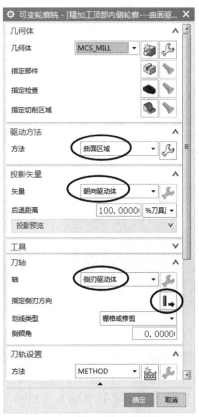

图 4-24　创建工序　　　　　　　　图 4-25　可变轮廓铣

2）在【驱动方法】|【方法】中选择"曲面区域"，弹出【曲面区域驱动方法】对话框，如图 4-26 所示。单击【指定驱动几何体】图标，在【选择对象】中选择内侧轮廓曲面，如图 4-27 所示。

图 4-26　曲面区域驱动方法 　　　　　　　　图 4-27　选择驱动几何体

单击【切削方向】图标，选择如图 4-28 所示的箭头方向，注意检查材料侧方向是否正确（与刀具方向是相对的），如图 4-29 所示。

在【驱动设置】|【切削模式】中选择"往复"，【步距】选择"数量"，【步距数】输入"3"。如图 4-26 所示，单击【确定】按钮。

3）在【可变轮廓铣】对话框中【投影矢量】|【矢量】选择"朝向驱动体"，【刀轴】|【轴】选择"侧刃驱动体"如图 4-25 所示。单击【指定侧刃方向】图标，选择进刀方向，如图 4-30 所示。

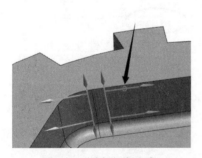 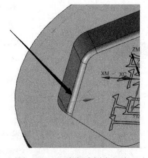 

图 4-28　选择切削方向 　　　　图 4-29　选择材料方向 　　　　图 4-30　选择侧刃驱动方向

4）【切削参数】与【非切削移动】采用默认即可。

5）单击【进给率和速度】图标，打开【进给率和速度】对话框。【输出模式】选择"RPM"，在【主轴速度】中输入"3500"，在【进给率】|【切削】中输入"800"，单击【确定】按钮，返回【可变轮廓铣】对话框。

6）单击生成图标，生成的刀具路径如图 4-31 所示。

4．精加工顶部倒角圆

1）鼠标右击"顶部倒扣型腔加工程序"程序组，在弹出的快捷菜单中，单击【插入】｜【创建工序】图标，弹出【创建工序】对话框，按照如图 4-32 所示设置，单击【确定】按钮，弹出【可变轮廓铣】对话框，如图 4-33 所示。

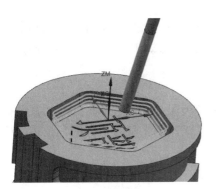

图 4-31　刀具路径　　　　　图 4-32　创建工序　　　　　图 4-33　可变轮廓铣

2）在【驱动方法】｜【方法】中选择"曲面区域"，弹出【曲面区域驱动方法】对话框，如图 4-34 所示。单击【指定驱动几何体】按钮，在【选择对象】中选择内侧轮廓曲面，如图 4-35 所示。

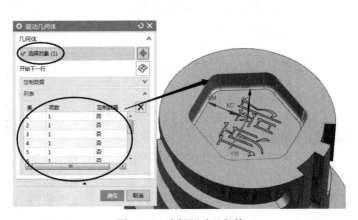

图 4-34　曲面区域驱动方法　　　　　　　图 4-35　选择驱动几何体

切削方向根据需求来确定（选中之后有个小圆圈），如图 4-36 所示。材料方向根据需求来确定（与刀具方向是相对的），如图 4-37 所示。

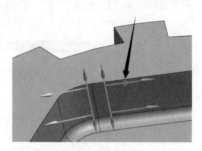

图 4-36　选择切削方向

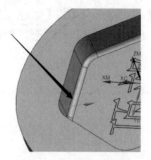

图 4-37　选择材料方向

在【驱动设置】|【切削模式】中选择"往复"，【步距】选择"数量"，【步距数】输入"0"，如图 4-34 所示，单击【确定】按钮。

3）在【可变轮廓铣】对话框中，【投影矢量】|【矢量】选择"朝向驱动体"，【刀轴】|【轴】选择"侧刃驱动体"如图 4-33 所示。单击【指定侧刃方向】 图标，选择进刀方向，如图 4-38 所示。

4）【切削参数】与【非切削移动】参数采用默认即可。

5）单击【进给率和速度】 图标，打开【进给率和速度】对话框。【输出模式】选择"RPM"，在【主轴速度】中输入"3500"，在【进给率】|【切削】中输入"600"，单击【确定】按钮，返回【可变轮廓铣】对话框。

6）单击 生成图标，生成的刀具路径如图 4-39 所示。

图 4-38　选择侧刃驱动方向

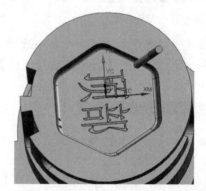

图 4-39　刀具路径

4.4.2　创建 A 区及环槽加工程序

1. 粗加工 A 区圆柱面

1）单击工具栏【视图】|【图层设置】，将 101 图层设为可见，在建模里面做好辅助面（线），如图 4-40 所示。

4.4.2

2）鼠标右击"A 区及环槽加工程序"程序组，在弹出的快捷菜单中，单击【插入】|【创建工序】 图标，弹出【创建工序】对话框，按照如图 4-41 所示设置，单击【确定】按钮，弹出【可变轮廓铣】对话框，如图 4-42 所示。

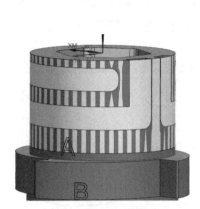

图 4-40　辅助线/辅助面　　　　图 4-41　创建工序　　　　图 4-42　可变轮廓铣

3）单击【指定部件】 图标，打开【部件几何体】对话框。选择已做好的辅助面作为部件，如图 4-43 所示（如果不选择部件，将不能产生多刀路，如果【刀轴】选择"垂直于部件"，必须得有部件才能产生刀具路径）。

4）在【驱动方法】|【方法】中选择"曲面区域"，弹出【曲面区域驱动方法】对话框。单击【指定驱动几何体】，打开【驱动几何体】对话框。在【选择对象】中选择已经做好的辅助面（注意：部件和驱动面可以是同一个面），如图 4-44 所示。单击【曲面区域驱动方法】对话框中的【切削方向】 图标，选择如图 4-45 所示的箭头方向，注意检查材料侧方向是否正确，【切削模式】选择"往复"，【步距】选择"数量"，【步距数】输入"10"，单击【确定】按钮。

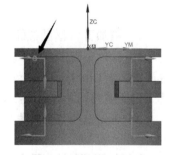

图 4-43　选择部件几何体　　　　图 4-44　选择驱动面　　　　图 4-45　指定切削方向

5）在【可变轮廓铣】对话框中，【刀轴】|【轴】选择"垂直于驱动体"，如图 4-42 所示。

6）单击【切削参数】 图标，弹出【切削参数】对话框。在【多刀路】|【多重深度】|【部件余量偏置】中输入"19"，选中【多重深度切削】，【步进方法】选择"增量"，【增量】输入"3"，如图 4-46 所示。在【余量】|【部件余量】中输入"0.1"，如图 4-47 所示，

单击【确定】按钮。

7）单击【非切削移动】图标，弹出如图 4-48 所示【非切削移动】对话框。在【进刀】|【开放区域】|【圆弧前部延伸】和【圆弧后部延伸】中分别输入"5"，单击【确定】按钮。

图 4-46 多刀路设置   图 4-47 余量设置   图 4-48 进刀参数设置

8）单击【进给率和速度】图标，打开【进给率和速度】对话框。【输出模式】选择"RPM"，在【主轴速度】中输入"3500"，在【进给率】|【切削】中输入"1000"，单击【确定】按钮，返回【可变轮廓铣】对话框。

9）单击生成图标，生成的刀具路径如图 4-49 所示。

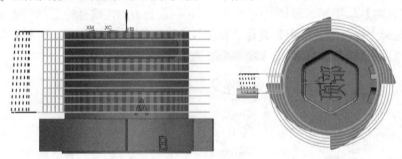

图 4-49 刀具路径

2. 精加工 A 区圆柱面

1）鼠标右击"A 区及环槽加工程序"程序组，在弹出的快捷菜单中，单击【插入】|【创建工序】图标，弹出【创建工序】对话框，按照如图 4-41 所示设置，单击【确定】按钮，弹出【可变轮廓铣】对话框，如图 4-50 所示。

2）单击【指定部件】图标，打开【部件几何体】对话框。选择已做好的辅助面作为部件，如图 4-51 所示（注意：此处精加工也可以不选择部件）。

3）在【可变轮廓铣】对话框的【驱动方法】|【方法】中选择"曲面区域"，弹出【曲面区域驱动方法】对话框，如图 4-52 所示。单击【切削方向】图标，选择如图 4-53 所示的箭头方向，注意检查材料侧方向是否正确，【切削模式】选择"往复"，【步距】选择"数量"，【步距数】输入"10"，单击【指定驱动几何体】，打开【驱动几何体】对话框。在【选择对象】中选择已经做好的辅助面，如图 4-54 所示（注意：部件和驱动面可以是同一个面），单击【确定】按钮。

图 4-50　可变轮廓铣

图 4-51　选择部件几何体

图 4-52　曲面区域驱动方法

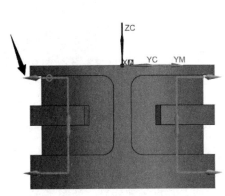

图 4-53　指定切削方向

图 4-54　选择驱动面

4）在【刀轴】|【轴】中选择"垂直于驱动体"，如图 4-50 所示。

5）单击【进给率和速度】 图标，打开【进给率和速度】对话框。【输出模式】选择"RPM"，在【主轴速度】中输入"3500"，在【进给率】|【切削】中输入"1200"，单击【确定】按钮。

6）单击 生成图标，生成的刀具路径如图 4-55 所示。

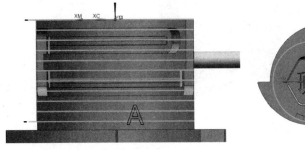

图 4-55　刀具路径

3．粗加工环槽

1）单击工具栏【视图】|【图层设置】，将 102 图层设为可见，在建模里面做好辅助线。

2）鼠标右击"A 区及环槽加工程序"程序组，在弹出的快捷菜单中，单击【插入】|【创建工序】🔧图标，弹出【创建工序】对话框，按照如图 4-56 所示设置，单击【确定】按钮，弹出【可变轮廓铣】对话框，如图 4-57 所示。

3）单击【指定部件】🧊图标，打开【部件几何体】对话框。选择环槽底面作为部件，如图 4-58 所示。

图 4-56　创建工序

图 4-57　可变轮廓铣

图 4-58　指定部件

4）如图 4-57 所示，在【可变轮廓铣】对话框的【驱动方法】|【方法】中选择"曲线/点"，弹出【曲线/点驱动方法】对话框。单击【驱动几何体】|【选择曲线】，选择做好的辅助线，如图 4-59 所示，单击【确定】按钮。

5）在【刀轴】|【轴】中选择"远离直线（或者垂直于部件）"，如图 4-57 所示。

6）单击【切削参数】📐图标，弹出如图 4-60 所示对话框。在【多刀路】|【多重深度】|【部件余量偏置】中输入"6"，选中【多重深度切削】，【步进方法】选择"增量"，【增量】输入"2"，单击【确定】按钮。

图 4-59　选择曲线

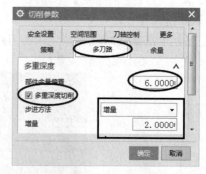

图 4-60　多刀路设置

7）单击【进给率和速度】🔧图标，打开【进给率和速度】对话框。【输出模式】选择

"RPM"，在【主轴速度】中输入"3500"，在【进给率】|【切削】中输入"500"，单击【确定】按钮。

8）单击 生成图标，生成的刀具路径如图 4-61 所示。

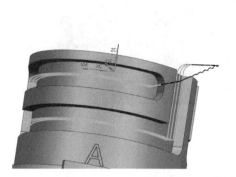

图 4-61　刀具路径

4. 精加工环槽 1

1）单击工具栏【视图】|【图层设置】，将 102 图层设为可见，在建模里面做好辅助线。

2）鼠标右击"A 区及环槽加工程序"程序组，在弹出的快捷菜单中，单击【插入】|【创建工序】 图标，弹出【创建工序】对话框。按照如图 4-62 所示设置，单击【确定】按钮，弹出【可变轮廓铣】对话框，如图 4-63 所示。

3）单击【指定部件】 图标，打开【部件几何体】对话框。选择环槽底面作为部件，如图 4-64 所示。

図 4-62　创建工序　　　　图 4-63　可变轮廓铣　　　　图 4-64　指定部件

4）如图 4-63 所示，在【驱动方法】|【方法】中选择"曲线/点"，弹出【曲线/点驱动方法】对话框。单击【驱动几何体】|【选择曲线】，选择做好的辅助线，如图 4-65 所示，单击【确定】按钮。

5）在【刀轴】|【轴】中选择"垂直于部件"（或者远离直线），如图 4-63 所示。

6）单击【进给率和速度】 图标，打开【进给率和速度】对话框。【输出模式】选择"RPM"，在【主轴速度】中输入"3500"，在【进给率】|【切削】中输入"1000"，单击【确定】按钮。

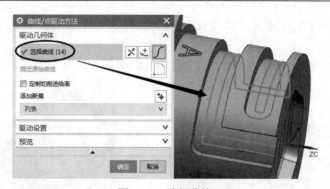

图 4-65　选择曲线

7）单击 生成图标，生成的刀具路径如图 4-66 所示。

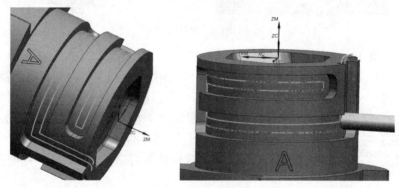

图 4-66　刀具路径

5. 精加工环槽 2

1）单击工具栏【视图】|【图层设置】，将 101 图层设为可见，在建模里面做好辅助面。

2）鼠标右击"A 区及环槽加工程序"程序组，在弹出的快捷菜单中，单击【插入】|【创建工序】 图标，弹出【创建工序】对话框。按照如图 4-67 所示设置，单击【确定】按钮，弹出【可变轮廓铣】对话框，如图 4-68 所示。

图 4-67　创建工序

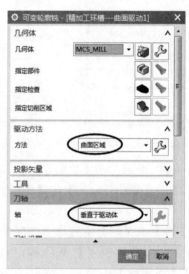

图 4-68　可变轮廓铣

3）在【驱动方法】|【方法】中选择"曲面区域"，弹出【曲面区域驱动方法】对话框。单击【指定驱动几何体】打开【驱动几何体】对话框。在【选择对象】中选择做好的辅助面，如图 4-69 所示。单击【切削方向】图标，选择如图 4-70 所示的箭头方向，注意检查材料侧方向是否正确，【切削模式】选择"往复"，【步距数】输入"5"（输入 1 则切 2 刀，输入 2 则切 3 刀，依此类推），单击【确定】按钮。

图 4-69　指定驱动几何体

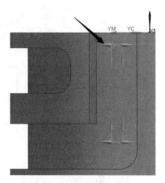

图 4-70　指定切削方向

4）在【刀轴】|【轴】中选择"垂直于驱动体"，如图 4-68 所示。

5）【切削参数】和【非切削移动】采用默认即可。

6）单击【进给率和速度】图标，打开【进给率和速度】对话框。【输出模式】选择"RPM"，在【主轴速度】中输入"3500"，在【进给率】|【切削】中输入"1000"，单击【确定】按钮。

7）单击生成图标，生成的刀具路径如图 4-71 所示。

8）同理，精加工另外一边，如图 4-72 所示。

图 4-71　刀具路径

图 4-72　刀具路径

6. 外形轮廓铣精加工环槽侧壁

1）鼠标右击"A 区及环槽加工程序"程序组，在弹出的快捷菜单中，单击【插入】|【创建工序】图标，弹出【创建工序】对话框。按照如图 4-73 所示设置，单击【确定】按钮，弹出【可变轮廓铣】对话框，如图 4-74 所示。

2）单击【指定部件】图标，打开【部件几何体】对话框。选择整个实体零件。

3）单击【指定底面】图标，打开【底面几何体】对话框。选择环槽的底面，如图 4-75 所示。

4）单击【指定壁】图标，打开【壁几何体】对话框。在【选择对象】中选择环槽的侧壁，如图 4-76 所示。

图 4-73　创建工序

图 4-74　可变轮廓铣

图 4-75　底面几何体

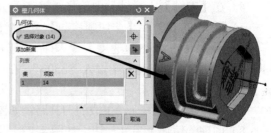

图 4-76　壁几何体

5）单击【进给率和速度】⬆图标，打开【进给率和速度】对话框。【输出模式】选择"RPM"，在【主轴速度】中输入"3500"，在【进给率】|【切削】中输入"1000"，单击【确定】按钮。

6）单击⬆生成图标，生成的刀具路径如图 4-77 所示。

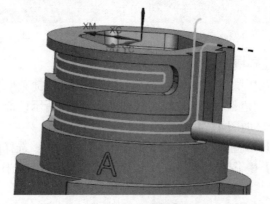

图 4-77　刀具路径

7. 变换/镜像/复制刀具路径

同时选中已经生成的上述 3、4、5、6 小节的程序，单击鼠标右键，弹出如图 4-78 所示的快捷菜单。单击【对象】|【🔧变换】，弹出如图 4-79 所示的【变换】对话框。在【类型】下拉列表中选择"通过一平面镜像"，【指定平面】选择"YC 平面"，【结果】选中"复制"，【距离/角度分割】输入"1"，单击【确定】按钮，生成刀具路径如图 4-80 所示。

图 4-78　变换刀路

图 4-79　旋转复制刀路

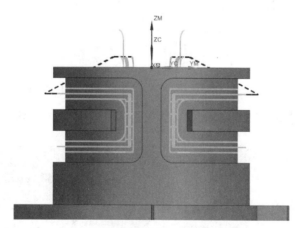

图 4-80　镜像刀具路径

4.4.3　创建 B 区凸扣加工程序

1. 粗加工 B 区 1

1）鼠标右击"B 区凸扣加工程序"程序组，在弹出的快捷菜单中，单击【插入】|【创建工序】📄图标，弹出【创建工序】对话框。在【类型】中选择"mill_contour"，【工序子类型】中选择🔲"型腔铣"，【刀具】选择"ED14（铣刀-5 参数）"，【几何体】选择"WORKPIECE"，【方法】选择"MILL_ROUGH"（也可默认 METHOD），【名称】默认即可，如图 4-81 所示。单击【确定】按钮，弹出如图 4-82 所示的【型腔铣】对话框。

4.4.3

2）单击【指定切削区域】🔲图标，打开【切削区域】对话框。选择加工区域①②③④，单击【确定】按钮，如图 4-83 所示。

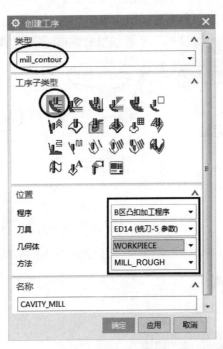

图 4-81　创建型腔铣

图 4-82　【型腔铣】对话框

图 4-83　选择切削区域

3）在【刀轴】|【轴】中选择"指定矢量"，在【指定矢量】选项中选择"XC"（根据方向来选择）。在【刀轨设置】|【切削模式】中选择"跟随周边"，【公共每刀切削深度】选择"恒定"，【最大距离】中输入"1"，如图 4-82 所示。

4）单击【切削层】 图标，弹出【切削层】对话框，在【范围类型】中选择"单侧"，其余默认，如图 4-84 所示，单击【确定】按钮。

5）单击【型腔铣】对话框中的【切削参数】 图标，弹出【切削参数】对话框。在【策略】|【切削】|【切削方向】中选择"逆铣"，【切削顺序】选择"深度优先"，【刀路方向】选择"向内"，如图 4-85 所示。单击【余量】选项卡，选中"使底面余量与侧面余量一致"，【部件侧面余量】输入"0.2"，其余默认，如图 4-86 所示，单击【确定】按钮。

图 4-84　切削层设置　　　　　图 4-85　策略设置　　　　　图 4-86　余量设置

6）单击【非切削移动】![icon]图标，弹出【非切削移动】对话框。在【转移/快速】|【区域内】|【转移类型】中选择"直接"，其余采用默认，如图 4-87 所示。

7）单击【进给率和速度】![icon]图标，打开【进给率和速度】对话框。【输出模式】选择"RPM"，在【主轴速度】中输入"3500"，在【进给率】|【切削】中输入"500"，单击【确定】按钮。

8）单击![icon]生成图标，生成的刀具路径如图 4-88 所示。

图 4-87　转移设置

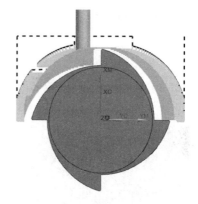

图 4-88　生成刀具路径

同理，创建另外一边的粗加工 B 区 2 程序。

2. 精加工 B 区 1

1）单击工具栏【视图】|【图层设置】，将 104 图层设为可见，在建模里面做好辅助线和辅助面（体）。

2）鼠标右击"B 区凸扣加工程序"程序组，在弹出的快捷菜单中，单击【插入】|【创建工序】![icon]图标，弹出【创建工序】对话框，按照如图 4-89 所示设置，单击【确定】按钮，弹出【可变轮廓铣】对话框，如图 4-90 所示。

3）在【驱动方法】|【方法】中选择"曲面区域"，弹出【曲面区域驱动方法】对话框，单击【指定驱动几何体】，打开【驱动几何体】对话框。选择做好的辅助面，如图 4-91 所示。单击【切削方向】![icon]图标，选择如图 4-92 所示的箭头方向，注意检查材料侧方向是否正确，【切削模式】选择"往复"，【步距数】输入"2"，单击【确定】按钮。

图 4-89　创建工序

图 4-90　可变轮廓铣

图 4-91　驱动几何体

4）在【刀轴】|【轴】中选择"垂直于驱动体"，如图 4-90 所示。

5）【切削参数】采用默认即可。

6）单击【非切削移动】图标，弹出【非切削移动】对话框。在【退刀】|【退刀类型】中选择"抬刀"，【高度】输入"200"，并且选择"%刀具"，如图 4-93 所示。

图 4-92　指定切削方向

图 4-93　退刀设置

7）单击【进给率和速度】图标，打开【进给率和速度】对话框。【输出模式】选择"RPM"，在【主轴速度】中输入"3500"，在【进给率】|【切削】中输入"600"，单击【确定】按钮。

8）单击生成图标，生成的刀具路径如图 4-94 所示。

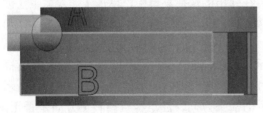

图 4-94　刀具路径

3．变换/旋转/复制刀具路径

同时选中已经生成的上述两小节的程序，单击鼠标右键，弹出如图 4-95 所示的快捷菜单。单击【对象】|【 变换】，弹出如图 4-96 所示的【变换】对话框。在【类型】下拉列表中选择"绕直线旋转"，在【变换参数】|【指定点】选项中选择"零件的圆心点"，在【指定矢量】选项中选择"ZC"方向，【角度】输入"90"；在【结果】选项组中选中"复制"，【非关联副本数】输入"3"，单击【确定】按钮，生成刀具路径如图 4-97 所示。

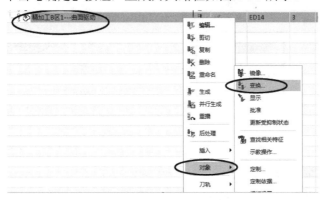

图 4-95　变换刀路

图 4-96　旋转复制刀路

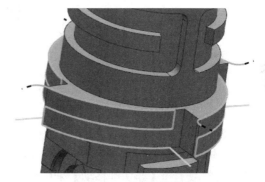

图 4-97　旋转刀具路径

4．精加工 B 区 2

1）鼠标右击"B 区凸扣加工程序"程序组，在弹出的快捷菜单中，单击【插入】|【创建工序】 图标，弹出【创建工序】对话框，按照如图 4-98 所示设置，单击【确定】按钮，弹出【可变轮廓铣】对话框，如图 4-99 所示。

2）在【驱动方法】|【方法】中选择"曲面区域"，弹出【曲面区域驱动方法】对话框。单击【指定驱动几何体】，打开【驱动几何体】对话框。选择要加工的面，如图 4-100 所示。单击【切削方向】 图标，选择如图 4-101 所示的箭头方向，注意检查材料侧方向是否正确，【切削模式】选择"往复"，【步距数】输入"0"（输入 1 则切 2 刀，输入 2 则切 3 刀，依次类推），单击【确定】按钮。

图 4-98 创建工序

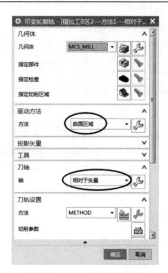

图 4-99 可变轮廓铣

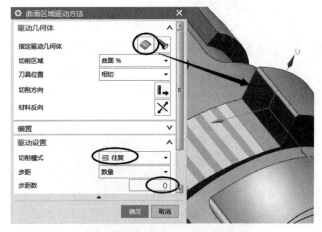

图 4-100 指定驱动几何体

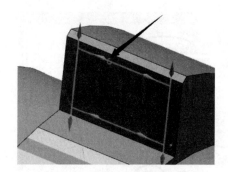

图 4-101 指定切削方向

3）在【刀轴】|【轴】中选择"相对于矢量"，如图 4-99 所示（此处也可选择侧刃驱动、插补矢量、4 轴相对于驱动体、相对于驱动体）。

4）【切削参数】和【非切削移动】采用默认即可。

5）单击【进给率和速度】 图标，打开【进给率和速度】对话框。【输出模式】选择"RPM"，在【主轴速度】中输入"3500"，在【进给率】|【切削】中输入"600"，单击【确定】按钮。

6）单击 生成图标，生成的刀具路径如图 4-102 所示。

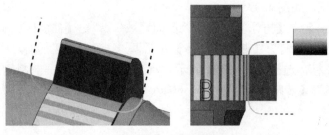

图 4-102 刀具路径

7）变换刀具路径。选中本节创建好的"精加工 B 区 2"加工程序，单击鼠标右键，在打开的快捷菜单中选择【对象】|【变换】，弹出【变换】对话框。【类型】选择"绕直线旋转"，【直线方法】选择"点和矢量"，【指定点】选择"圆心"，在【指定矢量】选项中选择对应的矢量，【角度】输入"90"，在【结果】选项组中选中【复制】，【非关联副本数】输入"3"，如图 4-103 所示，单击【确定】按钮，得到变换的刀具路径，如图 4-104 所示。

图 4-103　变换

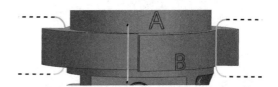

图 4-104　刀具路径

4.4.4　创建 C 区圆柱面加工程序

4.4.4

1. 粗加工 C 区圆柱面

1）单击工具栏【视图】|【图层设置】，将 105 图层设为可见，在建模里面做好辅助线和辅助面（体），如图 4-105 所示。

2）鼠标右击"C 区圆柱面加工程序"程序组，在弹出的快捷菜单中，单击【插入】|【创建工序】图标，弹出【创建工序】对话框，按照如图 4-106 所示设置，单击【确定】按钮，弹出【可变轮廓铣】对话框，如图 4-107 所示。

图 4-105　辅助线/辅助面

图 4-106　创建工序

3）单击【指定部件】图标，打开【部件几何体】对话框。选择已做好的辅助面作为部件，如图 4-108 所示（如果不选择部件，将不能产生多刀路，如果【刀轴】选择"垂直于部件"，必须得有部件才能产生刀具路径）。

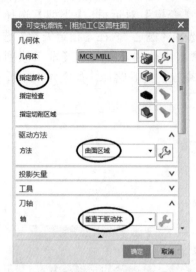

图 4-107　可变轮廓铣　　　　　　　　　图 4-108　选择部件几何体

4）如图 4-107 所示，在【驱动方法】|【方法】中选择"曲面区域"，弹出【曲面区域驱动方法】对话框。单击【指定驱动几何体】，打开【驱动几何体】对话框。选择已经做好的辅助面（注意：部件和驱动面可以是同一个面），如图 4-109 所示。单击【切削方向】 图标，选择如图 4-110 所示的箭头方向，注意检查材料侧方向是否正确。【切削模式】选择"往复"，【步距】选择"数量"，【步距数】输入"15"，单击【确定】按钮。

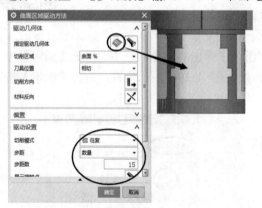

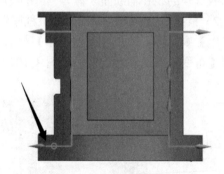

图 4-109　选择驱动面　　　　　　　　　图 4-110　指定切削方向

5）在【刀轴】|【轴】中选择"垂直于驱动体"，如图 4-107 所示。

6）单击【切削参数】 图标，弹出【切削参数】对话框。在【多刀路】|【多重深度】|【部件余量偏置】中输入"17"，选中【多重深度切削】，【步进方法】选择"增量"，【增量】输入"3"，如图 4-111 所示。单击【余量】|【部件余量】，输入"0.1"，如图 4-112 所示，单击【确定】按钮。

7）单击【非切削移动】 图标，弹出如图 4-113 所示【非切削移动】对话框。在【进刀】|【开放区域】|【圆弧前部延伸】和【圆弧后部延伸】中分别输入"5"，单击【确定】按钮。

图 4-111　多刀路设置　　　　图 4-112　设置余量　　　　图 4-113　设置进刀

8）单击【进给率和速度】 图标，打开【进给率和速度】对话框。【输出模式】选择"RPM"，在【主轴速度】中输入"3500"，在【进给率】|【切削】中输入"1000"，单击【确定】按钮。

9）单击 生成图标，生成的刀具路径如图 4-114 所示。

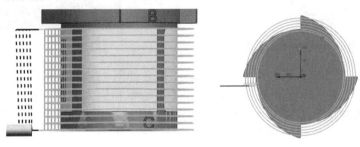

图 4-114　刀具路径

2．精加工 C 区圆柱面

1）鼠标右击"C 区圆柱面加工程序"程序组，在弹出的快捷菜单中，单击【插入】|【创建工序】 图标，弹出【创建工序】对话框。按照如图 4-106 所示设置，单击【确定】按钮，弹出【可变轮廓铣】对话框，如图 4-115 所示。

2）单击【指定部件】 图标，打开【部件几何体】对话框。选择已做好的辅助面作为部件，如图 4-116 所示（注意：此处精加工也可以不选择部件）。

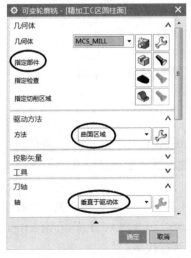

图 4-115　可变轮廓铣　　　　图 4-116　选择部件几何体

3）如图 4-115 所示，在【驱动方法】|【方法】中选择"曲面区域"，弹出【曲面区域驱动方法】对话框。单击【指定驱动几何体】，打开【驱动几何体】对话框。选择已经做好的辅助面（注意：部件和驱动面可以是同一个面），如图 4-117 所示。单击【切削方向】↳图标，选择如图 4-118 所示的箭头方向，注意检查材料侧方向是否正确。【切削模式】选择"往复"，【步距】选择"数量"，【步距数】输入"15"，单击【确定】按钮。

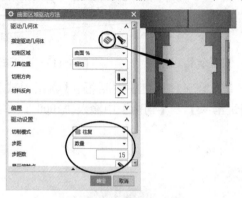

图 4-117　选择驱动面

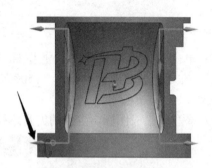

图 4-118　指定切削方向

4）在【刀轴】|【轴】中选择"垂直于驱动体"，如图 4-115 所示。

5）单击【进给率和速度】图标，打开【进给率和速度】对话框。【输出模式】选择"RPM"，在【主轴速度】中输入"3500"；在【进给率】|【切削】中输入"800"；单击【确定】按钮。

6）单击生成图标，生成的刀具路径如图 4-119 所示。

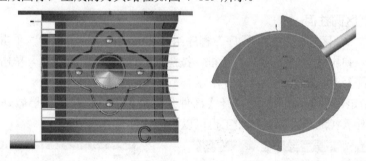

图 4-119　刀具路径

4.4.5　创建 C 区梅花形型腔、钻孔、铣孔、铣螺纹加工程序

1. 梅花形型腔-钻孔ϕ23mm

NX 软件创建钻孔程序，除了有【hole_making】模块（上一章节已经介绍）之外还有【drill】模块。但是在 UG NX 12.0 加工工序中，看不到有【drill】钻孔模块，需要从 CAM 加工模板中，通过设置才能把其钻孔功能调出来。

4.4.5

找到 NX 软件的安装目录位置（因人而异，安装的目录不一样，也可以在安装盘直接搜索 cam_general.opt）"安装盘:\Program Files\Siemens\NX 12.0\MACH\resource\template_set"，找到 cam_general.opt 文件并且用记事本打开，找到以下两行代码：

##${UGII_CAM_TEMPLATE_PART_ENGLISH_DIR}drill.prt
##${UGII_CAM_TEMPLATE_PART_METRIC_DIR}drill.prt

去掉这两行代码前面的##，保存文件并且重启 NX 软件即可调出【drill】钻孔模块，如图 4-120 所示。

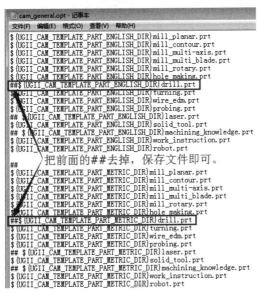

图 4-120　设置 cam_general.opt

1）鼠标右击"C 区梅花形型腔—钻孔—铣孔—铣螺纹加工程序"程序组，在弹出的快捷菜单中，单击【插入】|【创建工序】图标，弹出【创建工序】对话框，按照如图 4-121 所示设置，单击【确定】按钮，弹出【钻孔】对话框，如图 4-122 所示。

图 4-121　创建钻孔工序

图 4-122　钻孔

2）单击【指定孔】图标，弹出【点到点几何体】对话框，如图 4-123 所示。单击【选择】，弹出如图 4-124 所示对话框，单击【一般点】，弹出如图 4-125 所示【点】对话框。选择孔的中心点，单击【确定】按钮。

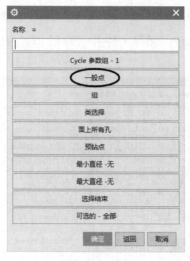

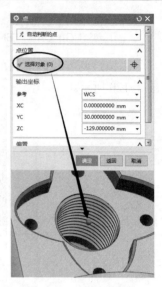

图 4-123　指定孔　　　　　图 4-124　选择点　　　　　图 4-125　自动判断点

3）在【刀轴】|【轴】中选择"指定矢量"，在【指定矢量】选项中选择"YC"（根据方向来选择），【最小安全距离】输入"15"，如图 4-122 所示。

4）单击【进给率和速度】🔧图标，打开【进给率和速度】对话框。【输出模式】选择"RPM"，在【主轴速度】中输入"200"，在【进给率】|【切削】中输入"40"，单击【确定】按钮。

5）单击📥生成图标，生成的刀具路径如图 4-126 所示。

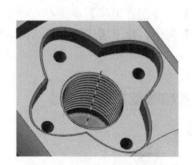

图 4-126　生成的刀具路径

2. 梅花形型腔-粗加工

1）单击工具栏【视图】|【图层设置】，将 106 图层设为可见，在建模里面做好辅助体。

2）鼠标右击"C 区梅花形型腔—钻孔—铣孔—铣螺纹加工程序"程序组，在弹出的快捷菜单中，单击【插入】|【创建工序】📥图标，弹出【创建工序】对话框，按照如图 4-127 所示设置，单击【确定】按钮，弹出【型腔铣】对话框，如图 4-128 所示。

3）单击【指定部件】🦴图标，弹出【部件几何体】对话框，选择整个零件作为部件。

4）单击【指定毛坯】🦴图标，弹出【毛坯几何体】对话框，选择 106 图层的辅助体作为毛坯。

5）单击【指定切削区域】🦴图标，打开【切削区域】对话框。选择要加工的面，如图 4-129 所示。

图 4-127　创建型腔铣　　　　图 4-128　【型腔铣】对话框　　　　图 4-129　指定切削区域

6）单击【指定修剪边界】图标，打开【修剪边界】对话框。选择绘制好的范围曲线（上一小节已经把孔钻好），在【修剪侧】中选择"内侧"，单击【确定】按钮，如图 4-130 所示。

7）在【刀轴】|【轴】中选择"指定矢量"，在【指定矢量】选项中选择"YC"。在【刀轨设置】|【切削模式】中选择"跟随周边"，【公共每刀切削深度】选择"恒定"，【最大距离】中输入"1"，如图 4-128 所示。

8）单击【切削层】图标，弹出【切削层】对话，在【范围类型】中选择"单侧"，其余默认，如图 4-131 所示，单击【确定】按钮。

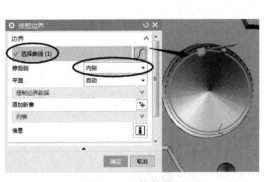

图 4-130　修剪边界

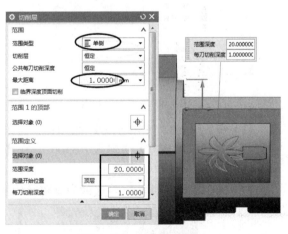

图 4-131　切削层设置

9）单击【切削参数】图标，弹出【切削参数】对话框。在【策略】|【切削方向】中选择"顺铣"，【切削顺序】选择"深度优先"，【刀路方向】选择"向内"，如图 4-132 所示。单击【余量】选项卡，选中"使底面余量与侧面余量一致"，【部件侧面余量】输入"0.2"，其余默认，如图 4-133 所示，单击【确定】按钮。

图 4-132 策略设置

图 4-133 余量设置

10）单击【非切削移动】 图标，弹出【非切削移动】对话框。在【进刀】|【封闭区域】|【进刀类型】中选择"螺旋"，【斜坡角度】输入"1.5"，【高度】输入"0.5"，在【开放区域】|【进刀类型】中选择"与封闭区域相同"，如图 4-134 所示（进刀选项的参数可以为默认参数，也可以根据需求设置最理想化的参数）。在【转移/快速】|【区域内】|【转移类型】中选择"直接"，其余采用默认，如图 4-135 所示。

图 4-134 进刀参数设置

图 4-135 转移设置

11）单击【进给率和速度】 图标，打开【进给率和速度】对话框。【输出模式】选择"RPM"，在【主轴速度】中输入"3500"，在【进给率】|【切削】中输入"1500"，单击【确定】按钮。

12）单击 生成图标，生成的刀具路径如图 4-136 所示。

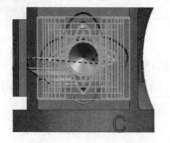
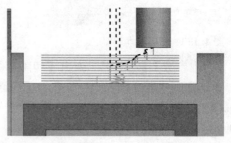

图 4-136 生成刀具路径

3．梅花形型腔-精加工平面

1）鼠标右击"C 区梅花形型腔—钻孔—铣孔—铣螺纹加工程序"程序组，在弹出的快捷菜单中，单击【插入】|【创建工序】图标，弹出【创建工序】对话框，按照如图 4-137 所示设置，单击【确定】按钮，弹出【底壁铣】对话框，如图 4-138 所示。

2）单击【几何体】|【指定切削区底面】，打开【切削区域】对话框。选择要加工的平面，单击【确定】按钮，如图 4-139 所示。

图 4-137　创建加工工序

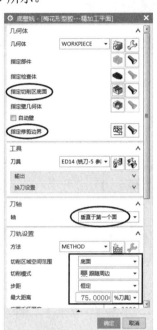

图 4-138　底壁铣

图 4-139　指定切削区域

3）在【刀轴】|【轴】中选择"垂直于第一个面"。在【刀轨设置】|【切削模式】中选择"跟随周边"，【最大距离】输入"75"，其余默认，如图 4-138 所示。

4）单击【非切削移动】图标，弹出如图 4-140 所示【非切削移动】对话框。在【进刀】|【进刀类型】中选择"插削"，【高度】输入"5"，单击【确定】按钮。

5）单击【进给率和速度】图标，打开【进给率和速度】对话框。【输出模式】选择"RPM"，在【主轴速度】中输入"3500"，在【进给率】|【切削】中输入"800"，单击【确定】按钮，返回【底壁铣】对话框。

6）单击生成图标，生成的刀具路径如图 4-141 所示。

图 4-140　切削参数

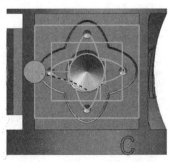

图 4-141　生成的刀具路径

4．梅花形型腔-钻四个φ5mm 孔

1）鼠标右击"C 区梅花形型腔—钻孔—铣孔—铣螺纹加工程序"程序组，在弹出的快捷菜单中，单击【插入】|【创建工序】图标，弹出【创建工序】对话框，按照如图 4-142 所示设置，单击【确定】按钮，弹出【断屑钻】对话框，如图 4-143 所示。

图 4-142　创建钻孔工序　　　　　　　　　　　　　　图 4-143　钻孔

2）单击【指定孔】图标，弹出【点到点几何体】对话框，如图 4-144 所示。单击【选择】，弹出如图 4-145 所示对话框。单击【一般点】，弹出如图 4-146 所示【点】对话框，选择四个φ5 孔的圆心点，单击【确定】按钮。

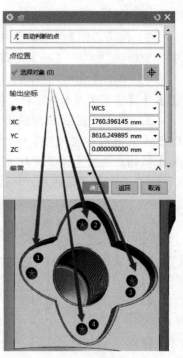

图 4-144　指定孔　　　　　　　图 4-145　选择点　　　　　　　图 4-146　自动判断点

3）在【刀轴】｜【轴】中选择"指定矢量"，在【指定矢量】选项中选择"YC"（根据方向来选择），如图 4-143 所示。

4）【循环类型】和【最小安全距离】可根据需求选择。

5）单击【进给率和速度】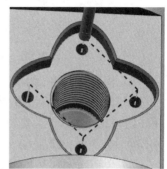图标，打开【进给率和速度】对话框。【输出模式】选择"RPM"，在【主轴速度】中输入"1000"，在【进给率】｜【切削】中输入"50"，单击【确定】按钮，返回【断屑钻】对话框。

6）单击 生成图标，生成的刀具路径如图 4-147 所示。

5. 梅花形型腔-铣孔

1）鼠标右击 "C 区梅花形型腔—钻孔—铣孔—铣螺纹加工程序"程序组，在弹出的快捷菜单中，单击【插入】｜创建工序 图标，弹出【创建工序】对话框。选择"深度轮廓铣"按如图 4-148 所示设置，单击【确定】按钮，弹出如图 4-149 所示【深度轮廓铣】对话框。

2）单击【指定切削区域】 图标，弹出【切削区域】对话框，选择螺纹孔，如图 4-150 所示。

图 4-147　生成的刀具路径

图 4-148　创建工序

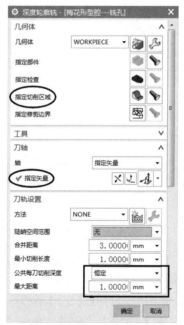

图 4-149　深度轮廓铣

图 4-150　指定切削区域

3）在【刀轴】｜【轴】中选择"指定矢量"，在【指定矢量】选项中选择"YC"方向。在【刀轨设置】｜【公共每刀切削深度】中选择"恒定"，【最大距离】输入"1"，如图 4-149 所示。

4）单击【切削参数】图标，弹出【切削参数】对话框。在【连接】｜【层到层】中选择"沿部件余进刀"，【斜坡角】输入"1"，如图 4-151 所示。【非切削移动】采用默认即可。

5）单击【进给率和速度】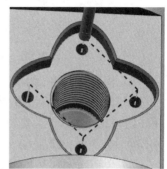图标，打开【进给率和速度】对话框。【输出模式】选择"RPM"，在【主轴速度】中输入"3500"，在【进给率】｜【切削】中输入"500"，单击【确定】按钮。

6）单击 生成图标，生成的刀具路径如图 4-152 所示。

图 4-151　切削参数设置　　　　　　　图 4-152　刀具路径

6. 梅花形型腔-倒角

1）鼠标右击"C 区梅花形型腔—钻孔—铣孔—铣螺纹加工程序"程序组，在弹出的快捷菜单中，单击【插入】|创建工序 图标，弹出【创建工序】对话框。选择"实体轮廓 3D"，按如图 4-153 所示设置，单击【确定】按钮，弹出如图 4-154 所示【实体轮廓 3D】对话框。

2）单击【指定壁】 图标，打开【壁几何体】对话框。选择倒角面，如图 4-155 所示。

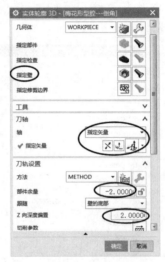

图 4-153　创建工序　　　　　图 4-154　实体轮廓 3D　　　　　图 4-155　指定壁

3）在【刀轴】|【轴】中选择"指定矢量"，在【指定矢量】选项中选择"YC"方向。在【刀轨设置】|【部件余量】中输入"-2"，【Z 向深度偏置】输入"2"，如图 4-154 所示。

4）单击【进给率和速度】 图标，打开【进给率和速度】对话框。在【主轴速度】中输入"3500"，在【进给率】|【切削】中输入"500"，单击【确定】按钮。

5）单击 生成图标，生成的刀具路径如图 4-156 所示。

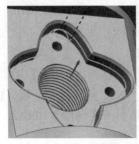

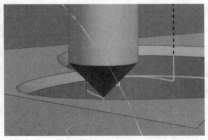

图 4-156　刀具路径

7. 梅花形型腔-铣螺纹

1）鼠标右击"C 区梅花形型腔—钻孔—铣孔—铣螺纹加工程序"程序组，在弹出的快捷菜单中，单击【插入】|创建工序 ⚒ 图标，弹出【创建工序】对话框。选择"螺纹铣"，按如图 4-157 所示设置，单击【确定】按钮，弹出如图 4-158 所示的【螺纹铣】对话框。

图 4-157　创建工序

图 4-158　螺纹铣

2）单击【指定特征几何体】⚒ 图标，弹出【特征几何体】对话框，在【特征】|【选择对象】中选择圆孔内圆柱面，【螺距】输入"2"，其余默认，如图 4-159 所示。在【螺纹尺寸】中单击【从几何体】🔒 图标，在弹出的对话框中选择"用户定义"，按如图 4-160 所示设置螺纹尺寸，单击【确定】按钮。

图 4-159　选择特征几何体

图 4-160　螺纹尺寸设置

3）在【刀轨设置】选项组中按如图 4-158 所示设置，【轴向步距】选择"%刀刃长度"，【百分比】输入"30"，【最大距离】输入"0.3"。

4）单击【切削参数】🔳 图标，弹出【切削参数】对话框。在【策略】|【切削方向】中选择"逆铣"（注意："逆铣"是从上往下加工，"顺铣"则是从下往上加工）。在【策略】选项卡中按如图 4-161 所示设置，【余量】选项卡中按如图 4-162 所示设置，单击【确定】按钮。

5）单击【非切削移动】🔳 图标，弹出【非切削移动】对话框。在【进刀】选项卡中选中"从中心开始"复选框，如图 4-163 所示，单击【确定】按钮。

图 4-161　策略设置　　　　　图 4-162　余量设置　　　　　图 4-163　进刀设置

6）单击【进给率和速度】 🐾 图标，弹出【进给率和速度】对话框。【输出模式】选择"RPM"，在【主轴速度】中输入"1200"，【进给率】|【切削】中输入"250"，单击【确定】按钮。

7）单击【选项】|【定制对话框】 图标，如图 4-164 所示，打开【定制对话框】对话框，在【要添加的项】选项组中，双击"运动输出类型"选项，如图 4-165 所示，单击【确定】按钮。

8）在【运动输出类型】中选择"直线"，如图 4-166 所示。

图 4-164　【定制】对话框　　　图 4-165　添加项设置　　　图 4-166　选择运动输出类型

9）单击 生成按钮，生成的刀具路径如图 4-167 所示。

图 4-167　生成刀具路径

4.4.6　创建 C 区椭圆形型腔加工程序

4.4.6

1．椭圆形型腔-粗加工

1）单击工具栏【视图】|【图层设置】，将 106 图层设为可见，在建模里面做好辅助体。

2）鼠标右击"C 区椭圆形型腔加工程序"程序组，在弹出的快捷菜单中，单击【插入】|创建工序图标，弹出【创建工序】对话框，选择"型腔铣"，按如图 4-168 所示设置，单击【确定】按钮，弹出如图 4-169 所示【型腔铣】对话框。

图 4-168　创建型腔铣

图 4-169　【型腔铣】对话框

3）单击【指定部件】图标，弹出【部件几何体】对话框，选择整个零件作为部件。

4）单击【指定毛坯】图标，弹出【毛坯几何体】对话框，选择 106 图层的辅助体作为毛坯。

5）单击【指定切削区域】图标，打开【切削区域】对话框。选择要加工的面，如图 4-170 所示。

6）在【刀轴】|【轴】中选择"指定矢量"，在【指定矢量】选项中选择"-YC"（根据方向来选择）。在【刀轨设置】|【切削模式】中选择"跟随周边"，【公共每刀切削深度】选择"恒定"，【最大距离】输入"1"，如图 4-169 所示。

7）单击【切削层】图标，弹出【切削层】对话框。在【范围类型】中选择"单侧"，其余默认，如图 4-171 所示，单击【确定】按钮。

8）单击【切削参数】图标，弹出【切削参数】对话框。在【策略】|【切削方向】中选择"顺铣"，【切削顺序】选择"深度优先"，【刀路方向】选择"向内"，如图 4-172 所示。单击【余量】选项卡，选中"使底面余量与侧面余量一致"，【部件侧面余量】输入"0.2"，其余默认，如图 4-173 所示，单击【确定】按钮。

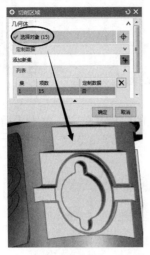

图 4-170　指定切削区域

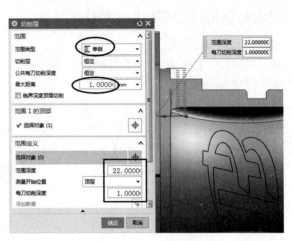

图 4-171　切削层设置

图 4-172　策略设置

图 4-173　余量设置

9）单击【非切削移动】📷图标，弹出【非切削移动】对话框。在【进刀】|【封闭区域】|【进刀类型】中选择"螺旋"，【斜坡角度】输入"1.5"，【高度】输入"0.5"，在【开放区域】|【进刀类型】中选择"与封闭区域相同"，如图 4-174 所示（进刀选项的参数可以为默认参数，也可以根据需求设置最理想化的参数）。在【转移/快速】|【区域内】|【转移类型】中选择"直接"，其余采用默认，如图 4-175 所示。

图 4-174　进刀参数设置

图 4-175　转移设置

10）单击【进给率和速度】🔧图标，弹出【进给率和速度】对话框。【输出模式】选择"RPM"，在【主轴速度】中输入"3500"，在【进给率】|【切削】中输入"1500"，单击【确定】按钮。

11）单击📄生成图标，生成的刀具路径如图 4-176 所示。

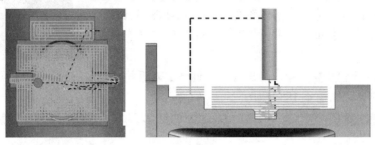

图 4-176 生成刀具路径

2. 椭圆形型腔-精加工平面

1）鼠标右击"C 区椭圆形型腔加工程序"程序组，在弹出的快捷菜单中，单击【插入】|【创建工序】📄图标，弹出【创建工序】对话框，按照如图 4-177 所示设置，单击【确定】按钮，弹出【底壁铣】对话框，如图 4-178 所示。

2）单击【指定切削区底面】🔷图标，弹出【切削区域】对话框，选择要加工的平面，如图 4-179 所示，单击【确定】按钮。

图 4-177 创建加工工序

图 4-178 底壁铣

图 4-179 指定切削区域

3）在【刀轴】|【轴】中选择"垂直于第一个面"。在【刀轨设置】|【切削模式】中选择"🔲跟随周边"，【最大距离】输入"50"，其余默认，如图 4-178 所示。

4）单击【进给率和速度】🔧图标，打开【进给率和速度】对话框。【输出模式】选择"RPM"，在【主轴速度】中输入"3500"，在【进给率】|【切削】中输入"800"，单击【确定】按钮。

5）单击 ┡ 生成图标，生成的刀具路径如图 4-180 所示。

3. 椭圆型腔-精加工侧壁

1）鼠标右击"C 区椭圆形型腔加工程序"程序组，在弹出的快捷菜单中，单击【插入】|【创建工序】🖐图标，弹出【创建工序】对话框，选择"实体轮廓 3D"，按如图 4-181 所示设置，单击【确定】按钮，弹出如图 4-182 所示的【实体轮廓 3D】对话框。

2）单击【指定壁】🌀图标，弹出【壁几何体】对话框，选择需要加工的侧壁，如图 4-183 所示。

图 4-180　生成的刀具路径

图 4-181　创建工序

图 4-182　实体轮廓 3D

图 4-183　指定壁

3）在【刀轴】|【轴】中选择"指定矢量"，在【指定矢量】选项中选择"-YC"，如图 4-182 所示。【切削参数】和【非切削移动】采用默认即可。

4）单击【进给率和速度】🏃图标，打开【进给率和速度】对话框。【输出模式】选择"RPM"，在【主轴速度】中输入"3500"，在【进给率】|【切削】中输入"500"，单击【确定】按钮。

5）单击 ┡ 生成图标，生成的刀具路径如图 4-184 所示。

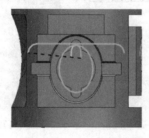

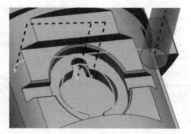

图 4-184　刀具路径

4. 椭圆形型腔-倒角

1）鼠标右击"C 区椭圆形型腔加工程序"程序组，在弹出的快捷菜单中，单击【插入】|【创建工序】🖐图标，弹出【创建工序】对话框，选择"实体轮廓 3D"，按如图 4-185 所示设置，单击【确定】按钮，弹出如图 4-186 所示【实体轮廓 3D】对话框。

2）单击【指定壁】图标，弹出【壁几何体】对话框，选择倒角面，如图 4-187 所示。

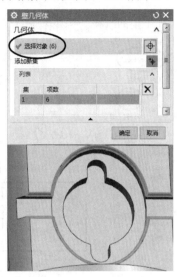

图 4-185　创建工序　　　　　图 4-186　实体轮廓 3D　　　　　图 4-187　指定倒角面

3）在【刀轴】|【轴】中选择"指定矢量"，在【指定矢量】选项中选择"-YC"，如图 4-186 所示。在【刀轨设置】|【部件余量】中输入"-1"，【Z 向深度偏置】输入"2.5"，如图 4-186 所示。

4）单击【进给率和速度】图标，打开【进给率和速度】对话框。【输出模式】选择"RPM"，在【主轴速度】中输入"3500"，在【进给率】|【切削】中输入"500"，单击【确定】按钮。

5）单击生成图标，生成的刀具路径如图 4-188 所示。

图 4-188　刀具路径

4.4.7　创建 C 区凹曲面及雕刻字加工程序

1．凹曲面-粗加工

1）单击工具栏【视图】|【图层设置】，将 106 图层设为可见，在建模里面做好辅助体。

2）鼠标右键单击"C 区凹曲面及雕刻字加工程序"程序组，在弹出的快捷菜单中，单击【插入】|【创建工序】图标，弹出【创建工序】对话框，选择"型腔铣"，按如图 4-189 所示设置，单击【确定】按钮，弹出如图 4-190 所示【型腔铣】对话框。

3）单击【指定部件】图标，弹出【部件几何体】对话框，选择整个零件作为部件。

4）单击【指定毛坯】图标，弹出【毛坯几何体】对话框，选择 106 图层的辅助体作为毛坯。

5）单击【指定切削区域】图标，弹出【切削区域】对话框，【选择对象】选择要加工的面，如图 4-191 所示。

图 4-189　创建型腔铣　　　　图 4-190　【型腔铣】对话框　　　　图 4-191　指定切削区域

6）在【刀轴】|【轴】中选择"指定矢量"，在【指定矢量】选项中选择"-XC"（根据方向来选择）。在【刀轨设置】|【切削模式】中选择"跟随周边"，【公共每刀切削深度】选择"恒定"，【最大距离】中输入"1"，如图 4-190 所示。

7）单击【切削层】图标，弹出【切削层】对话框。在【范围类型】中选择"单侧"，其余默认，如图 4-192 所示，单击【确定】按钮。

8）单击【切削参数】图标，弹出【切削参数】对话框，在【策略】|【切削方向】中选择"顺铣"，【切削顺序】选择"深度优先"，【刀路方向】选择"向内"，如图 4-193 所示。单击【余量】选项卡，选中"使底面余量与侧面余量一致"，【部件侧面余量】输入"0.2"，如图 4-194 所示，单击【确定】按钮。

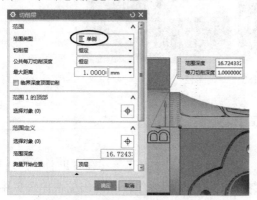

图 4-192　切削层设置　　　　　　　　图 4-193　策略设置

9）单击【非切削移动】图标，弹出【非切削移动】对话框。在【进刀】|【封闭区域】|【进刀类型】中选择"螺旋"，【斜坡角度】输入"1.5"，【高度】输入"0.5"，在【开放区域】|【进刀类型】中选择"与封闭区域相同"，如图 4-195 所示。在【转移/快速】|【区域内】|【转移类型】选择"直接"，其余采用默认，如图 4-196 所示。

图 4-194　余量设置　　　　图 4-195　进刀参数设置　　　　图 4-196　转移设置

10）单击【进给率和速度】图标，打开【进给率和速度】对话框。【输出模式】选择"RPM"，【主轴速度】中输入"3500"，在【进给率】|【切削】中输入"1500"，单击【确定】按钮。

11）单击生成图标，生成的刀具路径如图 4-197 所示。

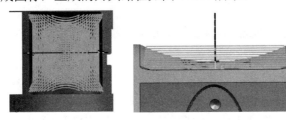

图 4-197　生成刀具路径

2．凹曲面-精加工

1）鼠标右击"C 区凹曲面及雕刻字加工程序"程序组，在弹出的快捷菜单中，单击【插入】|【创建工序】图标，弹出【创建工序】对话框，选择"固定轮廓铣"，按如图 4-198 所示设置，单击【确定】按钮，弹出如图 4-199 所示【固定轮廓铣】对话框。

图 4-198　创建工序　　　　图 4-199　固定轮廓铣

2）单击【指定切削区域】 🝾 图标，弹出【切削区域】对话框，选择凹曲面，如图 4-200
所示。

3）如图 4-199 所示，在【驱动方法】|【方法】中选择"区域铣削"，弹出如图 4-201 所
示的【区域铣切削驱动方法】对话框。【非陡峭切削模式】选择"跟随周边"，【刀路方向】选择
"向内"，【步距】选择"恒定"，【最大距离】输入"0.2"，【步距已应用】选择"在部件上"，单
击【确定】按钮。

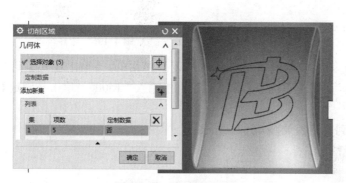

图 4-200　指定切削区域

图 4-201　区域铣切削驱动方法

4）在【刀轴】|【轴】中选择"指定矢量"，在【指定矢量】选项中选择"-XC"，如图
4-199 所示。【切削参数】和【非切削移动】采用默认即可。

5）单击【进给率和速度】 🚀 图标，打开【进给率和速度】对话框。【输出模式】选择
"RPM"，在【主轴速度】中输入"3500"，在【进给率】|【切削】中输入"1200"，单击【确
定】按钮。

6）单击 ▶ 生成图标，生成的刀具路径如图 4-202 所示。

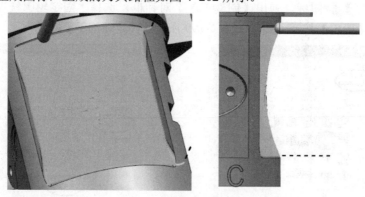

图 4-202　刀具路径

3. 凹曲面-雕刻图案

1）鼠标右击"C 区凹曲面及雕刻字加工程序"程序组，在弹出的快捷菜单中，单击【插
入】|【创建工序】 📥 图标，弹出【创建工序】对话框，按照如图 4-203 所示设置，单击【确
定】按钮，弹出【可变轮廓铣】对话框，如图 4-204 所示。

2）在【驱动方法】|【方法】中选择"曲线/点",弹出【曲线/点驱动方法】对话框。在【驱动几何体】|【选择曲线】中选择做好的辅助线,如图 4-205 所示,单击【确定】按钮。

图 4-203　创建工序　　　　图 4-204　可变轮廓铣　　　　图 4-205　选择曲线

3）在【刀轴】|【轴】中选择"远离直线",如图 4-204 所示。

4）单击【切削参数】 图标,弹出【切削参数】对话框,在【余量】|【部件余量】中输入"-0.4"(负值代表雕刻深度 0.4mm),如图 4-206 所示。

5）单击【非切削移动】 图标,弹出【非切削移动】对话框。在【进刀】|【进刀类型】中选择"插削",【进刀位置】选择"距离",【高度】输入"200",选择"%刀具百分比",如图 4-207 所示。在【转移/快速】|【公共安全设置】|【安全设置选项】中选择"圆柱",【指定点】选择"零件圆心点",在【指定矢量】选项中选择"ZC"轴,【半径】输入"70",如图 4-208 所示。

图 4-206　余量设置　　　　图 4-207　进刀参数设置　　　　图 4-208　转移/快速设置

6）单击【进给率和速度】 图标,打开【进给率和速度】对话框。【输出模式】选择"RPM",在【主轴速度】中输入"5000",在【进给率】|【切削】中输入"500",单击【确

定】按钮，返回【可变轮廓铣】对话框。

7）单击 ⊩ 生成图标，生成的刀具路径如图 4-209 所示。

图 4-209　刀具路径

4.4.8　创建 C 区凸台曲面及雕刻花纹加工程序

1. 凸台曲面-粗加工

1）单击工具栏【视图】|【图层设置】，将 106 图层设为可见，在建模里面做好辅助体。

2）鼠标右击"C 区凸台曲面及雕刻花纹加工程序"程序组，在弹出的快捷菜单中，单击【插入】|【创建工序】 ➥ 图标，弹出【创建工序】对话框，按照如图 4-210 所示设置，单击【确定】按钮，弹出【型腔铣】对话框，如图 4-211 所示。

3）单击【指定部件】 ☞ 图标，弹出【部件几何体】对话框，选择整个零件作为部件。

4）单击【指定毛坯】 ☺ 图标，弹出【毛坯几何体】对话框，选择 106 图层的辅助体作为毛坯。

5）单击【指定切削区域】 ☜ 图标，打开【切削区域】对话框。选择要加工的面，如图 4-212 所示。

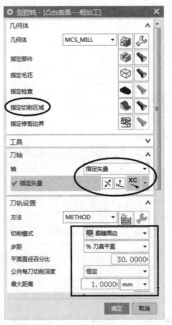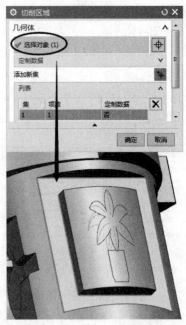

图 4-210　创建型腔铣　　　　图 4-211　【型腔铣】对话框　　　　图 4-212　指定切削区域

6）在【刀轴】|【轴】中选择"指定矢量"，在【指定矢量】选项中选择"XC"（根据方向来选择），如图 4-211 所示。在【刀轨设置】|【切削模式】中选择"跟随周边"，【公共每刀切削深度】选择"恒定"，【最大距离】中输入"1"，如图 4-211 所示。

7）单击【切削层】图标，弹出【切削层】对话框。在【范围类型】中选择"单侧"，其余默认，如图 4-213 所示，单击【确定】按钮。

8）单击【切削参数】图标，弹出【切削参数】对话框。在【策略】|【切削方向】中选择"顺铣"，【切削顺序】选择"深度优先"，【刀路方向】选择"向内"，如图 4-214 所示。单击【余量】选项卡，选中"使底面余量与侧面余量一致"。【部件侧面余量】输入"0.2"，其余默认，如图 4-215 所示，单击【确定】按钮。

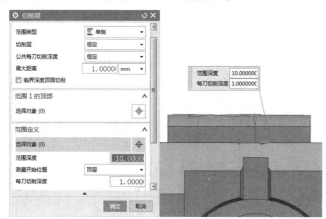

图 4-213　切削层设置

图 4-214　策略设置

9）单击【非切削移动】图标，弹出【非切削移动】对话框。在【进刀】|【封闭区域】|【进刀类型】中选择"螺旋"，【斜坡角度】输入"1.5"，【高度】输入"0.5"，在【开放区域】|【进刀类型】中选择"与封闭区域相同"，如图 4-216 所示。在【转移/快速】|【区域区】|【转移类型】选择"直接"，其余采用默认，如图 4-217 所示。

图 4-215　余量设置

图 4-216　进刀参数设置

图 4-217　转移设置

10）单击【进给率和速度】图标，打开【进给率和速度】对话框。【输出模式】选择"RPM"，【主轴速度】中输入"3500"，在【进给率】|【切削】中输入"1500"。单击【确定】按钮，返回【型腔铣】对话框。

11）单击 生成图标，生成的刀具路径如图 4-218 所示。

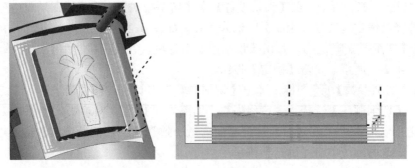

图 4-218　生成刀具路径

2．凸台曲面-精加工

1）鼠标右击"C 区凸台曲面及雕刻花纹加工程序"程序组，在弹出的快捷菜单中，单击【插入】|【创建工序】 图标，弹出【创建工序】对话框，按照如图 4-219 所示设置，单击【确定】按钮，弹出【底壁铣】对话框，如图 4-220 所示。

2）单击【指定切削区底面】 图标，弹出【切削区域】对话框，选择要加工的平面，如图 4-221 所示，单击【确定】按钮。

图 4-219　创建加工工序

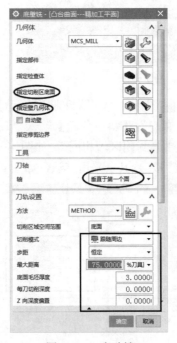

图 4-220　底壁铣

图 4-221　指定切削区域

3）在【刀轴】|【轴】中选择"垂直于第一个面"，如图 4-220 所示。在【刀轨设置】|【切削模式】中选择" 跟随周边"，【最大距离】输入"75"，其余默认，如图 4-220 所示。

4）单击【进给率和速度】 图标，打开【进给率和速度】对话框。【输出模式】选择"RPM"，在【主轴速度】中输入"3500"，在【进给率】|【切削】中输入"800"，单击【确定】按钮。

5）单击 生成图标，生成的刀具路径如图 4-222 所示。

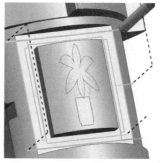

图 4-222　生成的刀具路径

3. 凸台曲面-雕刻花纹

1）鼠标右击"C 区凸台曲面及雕刻花纹加工程序"程序组，在弹出的快捷菜单中，单击【插入】|【创建工序】🛠️图标，弹出【创建工序】对话框，按照如图 4-223 所示设置，单击【确定】按钮，弹出【可变轮廓铣】对话框，如图 4-224 所示。

2）单击【指定部件】🧊图标，打开【部件几何体】对话框，选择整个零件作为部件。

3）如图 4-224 所示，在【驱动方法】|【方法】中选择"曲线/点"，弹出【曲线/点驱动方法】对话框。在【驱动几何体】|【选择曲线】中选择做好的辅助线，如图 4-225 所示，单击【确定】按钮。

图 4-223　创建工序

图 4-224　可变轮廓铣

图 4-225　选择曲线

4）在【刀轴】|【轴】中选择"远离直线"，如图 4-224 所示。

5）单击【切削参数】🔀图标，弹出【切削参数】对话框，在【余量】|【部件余量】中输入"-0.4"（负值代表雕刻深度 0.4mm），如图 4-226 所示，单击【确定】按钮。

6）单击【非切削移动】🔀图标，弹出【非切削移动】对话框，在【进刀】|【进刀类型】中选择"插削"，【进刀位置】选择"距离"，【高度】输入"200"，选择"%刀具百分比"，如图 4-227 所示。在【转移/快速】|【部件安全设置】|【安全设置选项】中选择"圆柱"，【指定点】选择"零

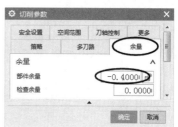

图 4-226　余量

件圆心点"，在【指定矢量】选项中选择"ZC"轴，【半径】输入"70"，如图4-228所示。

7）单击【进给率和速度】 ⚙️ 图标，打开【进给率和速度】对话框。【输出模式】选择"RPM"，在【主轴速度】中输入"5000"，在【进给率】|【切削】中输入"500"，单击【确定】按钮。

8）单击 ▶️ 生成图标，生成的刀具路径如图4-229所示。

图4-227 进刀参数设置

图4-228 转移/快速设置

图4-229 刀具路径

4.5 后处理输出程序

分别输出程序："顶部加工程序""A 区及环槽加工程序""B 区凸扣加工程序""C 区圆柱面加工程序""C 区梅花形型腔—钻孔—铣孔—铣螺纹加工程序""C 区椭圆形型腔加工程序""C 区凹曲面及雕刻字加工程序""C 区凸台曲面及雕刻花纹加工程序"。例如，鼠标右击"顶部倒扣型腔加工程序"，在弹出的菜单中，选择【后处理】，单击【浏览以查找后处器】图标，选择预先设置好的五轴加工中心后处理"Fanuc_5axis_AC"，【文件名】文本框中输入程序路径和名称，单击【确定】按钮，如图4-230所示。

图4-230 输出程序

4.6　Vericut 程序验证

将所有后置处理输出的程序，导入 Vericut 8.2.1 软件，仿真演示结果如图 4-231 所示。

图 4-231　仿真演示结果

第5章　航空件车铣复合编程与加工

【教学目标】

知识目标：

掌握数控车铣复合的加工特点。

掌握车铣钻孔参数设置方法。

掌握车端面参数设置方法。

掌握粗、精镗内孔参数设置方法。

掌握粗、精车外圆参数设置方法。

掌握切槽和车螺纹的参数设置方法。

掌握曲面驱动（XYZC、XZC 联动）的编程方法。

掌握流线驱动（XYZC、XZC 联动）的编程方法。

掌握曲线驱动（XYZC、XZC 联动）的编程方法。

掌握车铣复合编程里的刀轴与投影矢量使用技巧。

掌握型腔铣、平面铣、深度轮廓铣加工的编程方法。

掌握用区域轮廓铣加工曲面的参数设置方法。

掌握变换（旋转/复制）刀路方法。

能力目标：能运用 UG NX 软件完成车铣复合的编程与后置处理、仿真加工和程序验证。

【教学重点与难点】

车铣复合加工特点；XZ 车削加工的编程方法；XZC、XYZC 车铣复合联动的编程方法。

【本章导读】

图 5-1 所示为航空件图。

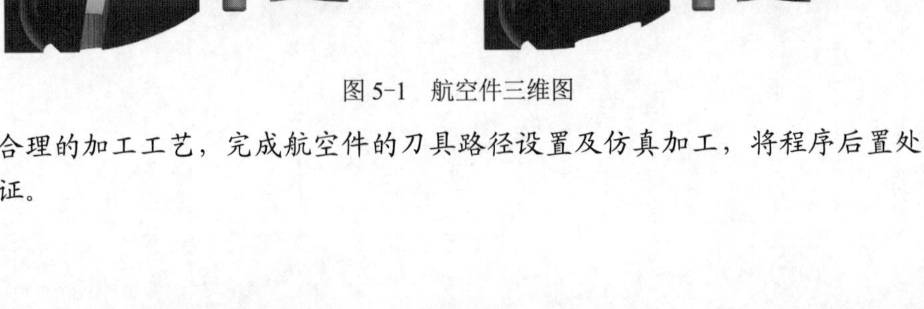

航空件二维
工程图

图 5-1　航空件三维图

制定合理的加工工艺，完成航空件的刀具路径设置及仿真加工，将程序后置处理并导入
Vericut 验证。

5.1～5.3

5.1　工艺分析与刀路规划

1．加工方法

本例航空件，使用车铣加工、定轴 3+1、XZC、XYZC 联动加工程序。

2．毛坯选用

本例毛坯选用铝合金，尺寸为 ϕ105mm×158mm 的棒料。

3．刀路规划

（1）钻孔加工钻孔 ϕ60mm，刀具为 ϕ60mm 麻花钻。

（2）端面车削加工

① 粗车端面，刀具为外圆车刀。

② 精车端面，刀具为外圆车刀。

（3）镗孔车削加工

① 粗镗孔，刀具为镗孔刀。

② 精镗孔，刀具为镗孔刀。

（4）调头，外径车削加工

① 粗车外圆轮廓，刀具为外圆车刀。

② 精车外圆轮廓，刀具为外圆车刀。

（5）外径切槽加工切螺纹退刀槽，刀具为切槽刀。

（6）外径车螺纹加工车外螺纹，刀具为外螺纹刀。

（7）凸圆柱加工

① 粗加工凸圆柱上边缘，刀具为 ED6 平底刀，加工余量为 0.1。

② 粗加工凸圆柱下边缘，刀具为 ED6 平底刀，加工余量为 0.1。

③ 粗加工凸圆柱中间部位，刀具为 ED6R1 圆鼻刀，加工余量为 0.1。

④ 粗加工凸圆柱，刀具为 ED6R1 圆鼻刀，加工余量为 0.1。

⑤ 精加工凸圆柱上边缘，刀具为 ED6 平底刀。

⑥ 精加工凸圆柱下边缘，刀具为 ED6 平底刀。

⑦ 精加工凸圆柱中间部位，刀具为 ED6 平底刀。

⑧ 精加工凸圆柱根部，刀具为 ED6R1 圆鼻刀。

⑨ 精加工凸圆柱，刀具为 ED6R1 圆鼻刀。

⑩ 精加工凸圆柱倒圆角，刀具为 ED6R1 圆鼻刀。

（8）螺旋叶片加工

① 粗加工螺旋叶片，刀具为 ED6R1 圆鼻刀，加工余量为 0.1。

② 精加工轮廓，刀具为 ED6R1 圆鼻刀。

③ 精加工叶片 1，刀具为 ED6R1 圆鼻刀。

④ 精加工叶片 2，刀具为 ED6R1 圆鼻刀。

（9）端面 XYZC 铣六边形加工

① 粗加工六边形，刀具为 ED6 平底刀，加工余量为 0.1。

② 精加工六边形，刀具为 ED6 平底刀。

（10）异形槽、波浪圆弧槽加工

① 粗加工 32×24 槽，刀具为 ED6 平底刀，加工余量为 0.1。

② 精加工 32×24 槽，刀具为 ED6 平底刀。

③ 粗加工 14mm 宽的异形槽，刀具为 ED6 平底刀，加工余量为 0.1。

④ 精加工 14mm 宽的异形槽，刀具为 ED6 平底刀。

⑤ 粗加工异形圆弧槽，刀具为 ED6 平底刀，加工余量为 0.1。

⑥ 精加工异形圆弧槽，刀具为 ED4 平底刀。

⑦ 加工波浪圆弧槽，刀具为 R3 球头刀。

5.2 创建几何体

进入加工环境。单击【文件（F）】，在【启动】选项卡中选择【加工】，在弹出的【加工环境】对话框中，按如图 5-2 所示设置，单击【确定】按钮。

5.2.1 创建车削加工坐标系

在当前界面最左侧单击工序导航器 ，空白处鼠标右击，在弹出的快捷菜单中，选择【几何视图】，单击【MCS_SPINDLE】前的"+"可将其展开。双击 MCS_SPINDLE 节点图标，弹出如图 5-3 所示的对话框。在【指定 MCS】处，单击 图标，弹出【坐标系】对话框，然后拾取端面圆心建立加工坐标系，如图 5-4 所示。其余默认，最后单击【确定】按钮。

图 5-2 进入加工环境

图 5-3 设置 MCS

图 5-4 建立加工坐标系

5.2.2　创建车削工件几何体

1）双击 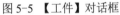 WORKPIECE 节点图标，弹出【工件】对话框，如图 5-5 所示。单击【指定部件】图标，弹出【部件几何体】对话框，如图 5-6 所示。选择航空零件为部件几何体，单击【确定】按钮。单击【指定毛坯】图标，弹出【毛坯几何体】对话框，如图 5-7 所示。在类型下拉列表中提供了七种建立毛坯的方法，本例选择绘制好的几何体作为毛坯，单击【确定】按钮。继续单击【确定】按钮，完成工件几何体设置。

图 5-5　【工件】对话框

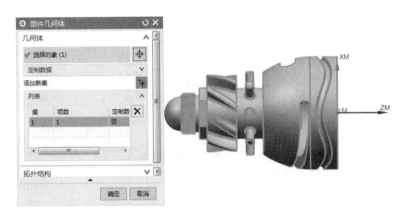

图 5-6　指定部件几何体

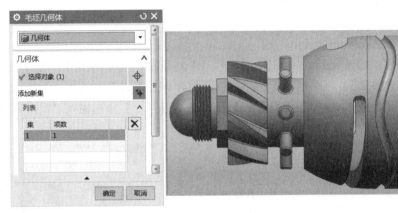

图 5-7　指定毛坯几何体

2）避让设置 AVOIDANCE（此步骤可以省略，如省略则在【非切削移动】对话框里设置）。加工外径和加工内径设置避让的参数不一样，以下介绍加工外径参数设置。单击【创建几何体】图标，在弹出的【创建几何体】对话框中，按如图 5-8 所示设置，单击【确定】按钮，弹出【避让】对话框。在【运动到起点（ST）】|【运动类型】中选择"直接"，【点选项】中选择"点"，单击【指定点】图标，输入坐标"-53，0，3"（外径为 105mm，指定点 53*2=106，数值≥外径即可）。在【运动到返回点/安全平面（RT）】|【运动类型】中选择"　径向 -> 轴向"，【点选项】中选择"点"，单击【指定点】图标，输入坐标"-100，0，100"其余默认，如图 5-9 所示，单击【确定】按钮。

图 5-8　创建避让几何体

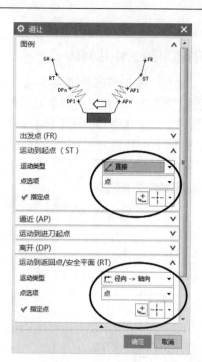

图 5-9　避让设置

5.3　创建刀具

1. 创建麻花钻 φ60mm

单击【创建刀具】图标，弹出【创建刀具】对话框，按如图 5-10 所示设置，单击【确定】按钮，弹出【钻刀】对话框，如图 5-11 所示。在【工具】|【尺寸】|【直径】中输入"60"；【刀尖角度】输入"140"，【刀具号】和【补偿寄存器】分别输入"1"，其余默认，单击【确定】按钮。

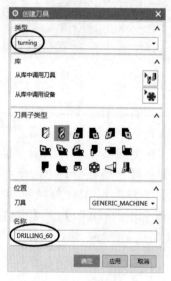

图 5-10　创建麻花钻

图 5-11　钻刀参数设置

2. 创建外圆车刀

单击【创建刀具】 图标，弹出【创建刀具】对话框，按如图 5-12 所示设置，单击【确定】按钮，弹出【车刀-标准】对话框。在【工具】|【刀片】|【ISO 刀片形状】中选择 "C（菱形 80）"，【刀片位置】选择 "顶侧"，在【尺寸】|【刀尖半径】中输入 "0.4"，【刀具号】输入 "2"，如图 5-13 所示，其余默认。

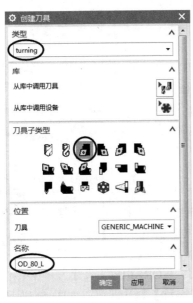

图 5-12　创建外圆车刀

图 5-13　外圆车刀参数设置

单击【夹持器】选项卡，选中 "使用车刀夹持器"，如图 5-14 所示，其余默认。

单击【跟踪】选项卡，在【点编号】中选择 "P3"，如图 5-15 所示，其余默认。

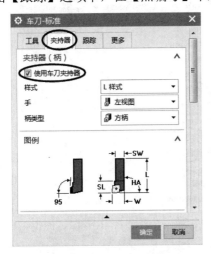

图 5-14　夹持器设置

图 5-15　跟踪设置

用同样方法创建其他刀具：ID_55_L（镗孔刀）、OD_GROOVE_L（切槽刀）、OD_THREAD_L（外螺纹车刀）、ED6、ED6R1、R3、ED4、端面铣刀 6mm。

5.4 创建工序

1）在工序导航器状态下，空白处鼠标右击，在弹出的快捷菜单中，选择【🗐程序顺序视图】，在工具条中单击【创建程序】🗐图标，弹出【创建程序】对话框。在【类型】中选择"turning"，在【名称】下输入"钻孔加工程序"，如图 5-16 所示，其余默认，两次单击【确定】按钮，完成程序组的创建。

2）用同样的方法创建其他程序组："端面车削加工程序""镗孔车削加工程序""外径车削加工程序""外径切槽加工程序""外径车螺纹加工程序""凸圆柱加工程序""螺旋叶片加工程序""端面 XYZC 铣六边形""异形槽-波浪圆弧槽加工程序"。

图 5-16　创建程序组

5.4.1　创建钻孔加工程序

1）鼠标右击"钻孔加工程序"程序组，在弹出的快捷菜单中，单击【插入】|【创建工序】📥图标，弹出【创建工序】对话框。在【类型】中选择"turning"，【工序子类型】中选择🔧"中心线啄钻"，【刀具】选择"DRILLING_60（钻刀）"，【几何体】选择"TURNING_ WORKPIECE"，【方法】选择"MILL_ROUGH"（也可默认 METHOD），【名称】默认即可，如图 5-17 所示。单击【确定】按钮，弹出如图 5-18 所示对话框。

5.4.1~5.4.3

图 5-17　创建钻孔程序

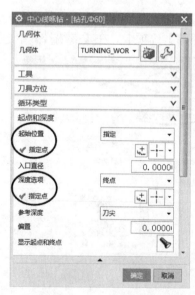

图 5-18　中心线啄钻

2）在【中心线啄钻】对话框的【起点和深度】|【起始位置】中选择"指定"，单击【指定点】📥图标，打开【点】对话框，在对话框中输入数值，如图 5-19 所示。

3）在【中心线啄钻】对话框的【起点和深度】|【深度选项】中选择"终点"，单击【指

定点】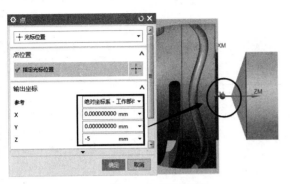图标，打开【点】对话框，在对话框中输入数值，如图 5-20 所示。

图 5-19　起始位置

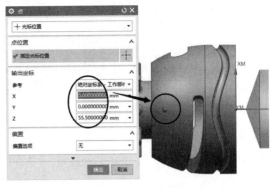

图 5-20　终点位置

4）单击【非切削移动】图标，弹出【非切削移动】对话框。在【逼近】|【运动到起点】|【运动类型】中选择"径向 -> 轴向"，【指定点】单击【点】图标，在动态文本框中输入"0，0，-20"，如图 5-21 所示。

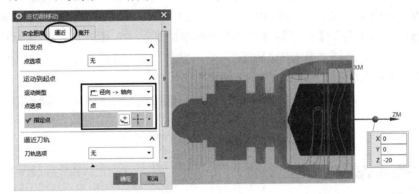

图 5-21　设置逼近点

在【非切削移动】对话框的【离开】|【运动到返回点/安全平面】|【运动类型】中选择"轴向 -> 径向"，【指定点】单击【点】图标，在动态文本框中输入"-100，0，-100"，如图 5-22 所示。

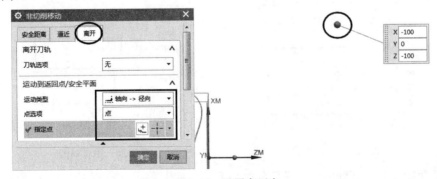

图 5-22　设置离开点

5）单击【进给率和速度】图标，打开【进给率和速度】对话框。【输出模式】选择"RPM"，【主轴速度】中输入"200"，在【进给率】|【切削】中输入"50"，单击【确定】按钮。

6）单击 生成图标，生成的刀具路径如图 5-23 所示。

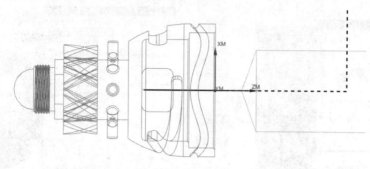

图 5-23　生成刀具路径

5.4.2　创建端面车削加工程序

1. 粗车端面

1）鼠标右击"端面车削加工程序"程序组，在弹出的快捷菜单中，单击【插入】|【创建工序】图标，弹出【创建工序】对话框，如图 5-24 所示。在【类型】中选择"turning"，【工序子类型】选择"面加工"，【程序】选择"端面车削加工程序"，【刀具】选择"OD_80_L（车刀-标准）"，【几何体】选择"AVOIDANCE"，其余默认。单击【确定】按钮弹出如图 5-25 所示的【面加工】对话框。

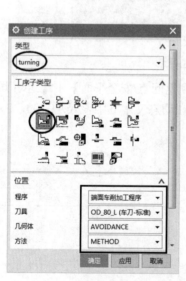

图 5-24　创建工序

图 5-25　粗车端面

2）在【面加工】对话框中单击【切削区域】编辑图标，弹出如图 5-26 所示的【切削区域】对话框。在【轴向修剪平面 1】|【限制选项】中选择"点"（限制轴向的车削范围），【指定点】单击【点】图标，在动态文本框中输入"0，0，0"，如图 5-27 所示，单击【确定】按钮。

图 5-26　切削区域设置

图 5-27　设置车削范围

3）【步进】|【切削深度】中选择"恒定"，【深度】输入"0.5"，如图 5-25 所示。

4）单击【切削参数】 ⚏ 图标，弹出【切削参数】对话框，在【余量】|【恒定】中输入 "0.2"，如图 5-28 所示，单击【确定】按钮。

5）前面已经创建外径加工避让 AVOIDANCE（图 5-8），因此【非切削移动】参数默认即可。

6）单击【进给率和速度】 🔩 图标，打开【进给率和速度】对话框。【输出模式】选择 "RPM"，【主轴速度】中输入"800"，在【进给率】|【切削】中输入"150"，单击【确定】按钮。

7）单击 🏴 生成按钮，生成的刀具路径如图 5-29 所示。

图 5-28　余量设置

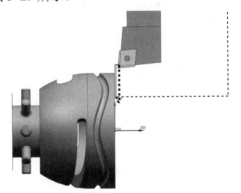

图 5-29　端面粗车刀具路径

2. 精车端面

1）鼠标右击"端面车削加工程序"程序组，在弹出的快捷菜单中，单击【插入】|【创建工序】 🏴 图标，弹出【创建工序】对话框，如图 5-30 所示。【类型】选择"turning"，【工序子类型】选择"面加工"，【程序】选择"端面车削加工程序"，【刀具】选择"OD_80_L（车刀-标准）"，【几何体】选择"AVOIDANCE"，其余默认。单击【确定】按钮，弹出如图 5-31 所示的【面加工】对话框。

图 5-30 创建工序

图 5-31 精车端面

2）在【面加工】对话框中单击【切削区域】 编辑图标，弹出如图 5-32 所示的【切削区域】对话框。在【轴向修剪平面 1】|【限制选项】中选择"点"（限制轴向的车削范围），【指定点】单击【点】 图标，在动态文本框中输入"0，0，0"，如图 5-33 所示，单击【确定】按钮。

图 5-32 切削区域设置

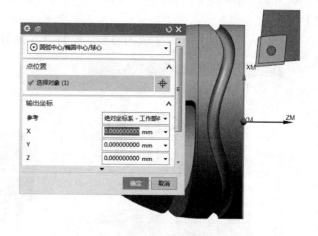

图 5-33 设置车削范围

3）在【面加工】对话框的【步进】|【切削深度】选择"恒定"，【深度】输入"0.5"，如图 5-31 所示。

4）单击【切削参数】 图标，弹出【切削参数】对话框，在【余量】|【恒定】中输入"0"，如图 5-34 所示，单击【确定】按钮。

5）前面已经创建外径加工避让 AVOIDANCE（图 5-8），因此【非切削移动】参数默认即可。

6）单击【进给率和速度】 图标，打开【进给率和速度】对话框。【输出模式】选择

"RPM"，【主轴速度】中输入"800"，在【进给率】｜【切削】中输入"150"，单击【确定】
按钮。

7）单击 生成按钮，生成的刀具路径如图 5-35 所示。

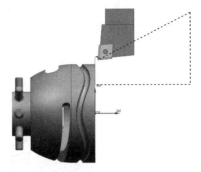

图 5-34　余量设置　　　　　　　　图 5-35　端面精车刀具路径

5.4.3　创建镗孔车削加工程序

1. 粗镗孔

1）鼠标右击"镗孔车削加工程序"程序组，在弹出的快捷菜单中，单击【插入】｜【创建
工序】 图标，弹出【创建工序】对话框，如图 5-36 所示。【类型】选择"turning"；【工序子
类型】选择"内径粗镗"，【程序】选择"镗孔车削加工程序"，【刀具】选择"ID_55_L（车刀-
标准）"，【几何体】选择"TURNING_WORKING"，其余默认。单击【确定】按钮，弹出如图
5-37 所示的【内径粗镗】对话框。

2）在【步进】｜【切削深度】中选择"恒定"，【深度】输入"1"，如图 5-37 所示。

3）单击【切削参数】 图标，弹出【切削参数】对话框，在【余量】｜【恒定】中输入
"0.2"，如图 5-38 所示，单击【确定】按钮。

图 5-36　创建工序　　　　　　　图 5-37　粗镗孔　　　　　　　图 5-38　余量设置

4）单击【非切削移动】 图标，弹出【非切削移动】对话框，在【逼近】 |【运动到起点】 |【运动类型】中选择 "⌐ː 径向 -> 轴向"，【指定点】单击【点】 图标，在动态文本框中输入 "–30，0，–3"，如图 5-39 所示。

在【非切削移动】对话框的【离开】 |【运动到返回点/安全平面】 |【运动类型】中选择 "⌐ᵢ 轴向 -> 径向"，【指定点】单击【点】 图标，在动态文本框中输入 "–100，0，–100"，如图 5-40 所示。

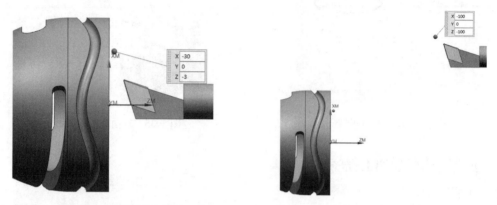

图 5-39　设置逼近点　　　　　　　　　　　　图 5-40　设置离开点

在【非切削移动】对话框的【退刀】 |【部件】 |【退刀类型】中选择 "线性"（注意：默认 "线性-自动" 产生的退刀，或将撞到零件）。

5）单击【进给率和速度】 图标，打开【进给率和速度】对话框。【输出模式】选择 "RPM"，【主轴速度】中输入 "900"，在【进给率】 |【切削】中输入 "120"，单击【确定】按钮。

6）单击 生成按钮，生成的刀具路径如图 5-41 所示。

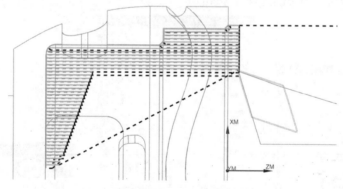

图 5-41　粗镗孔刀具路径

2. 精镗孔

1）鼠标右击 "镗孔车削加工程序" 程序组，在弹出的快捷菜单中，单击【插入】 |【创建工序】 图标，弹出【创建工序】对话框，如图 5-42 所示。【类型】选择 "turning"，【工序子类型】选择 "内径精镗"，【程序】选择 "镗孔车削加工程序"，【刀具】选择 "ID_55_L（车刀-标准）"，【几何体】选择 "TURNING_WORKING"，其余默认。单击【确定】按钮，弹出如图 5-43 所示的【内径精镗】对话框。

图 5-42　创建工序　　　　　　　　　　　　图 5-43　精镗孔

2）单击【切削参数】图标，弹出【切削参数】对话框，在【余量】|【恒定】中输入"0"，如图 5-44 所示，单击【确定】按钮。

3）单击【非切削移动】图标，弹出【非切削移动】对话框。在【逼近】|【运动到起点】|【运动类型】中选择" 径向 -> 轴向 "，【指定点】单击【点】图标，在动态文本框中输入"-30，0，-3"，如图 5-45 所示。

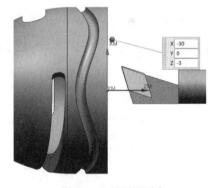

图 5-44　余量设置　　　　　　　　　　　　图 5-45　设置逼近点

在【非切削移动】对话框的【离开】|【运动到返回点/安全平面】|【运动类型】中选择" 轴向 -> 径向 "，【指定点】单击【点】图标，在动态文本框中输入"-100，0，-100"，如图 5-46 所示。

4）单击【进给率和速度】图标，打开【进给率和速度】对话框。【输出模式】选择"RPM"，【主轴速度】中输入"900"，在【进给率】|【切削】中输入"120"，单击【确定】按钮。

5）单击 生成按钮，生成的刀具路径如图 5-47 所示。

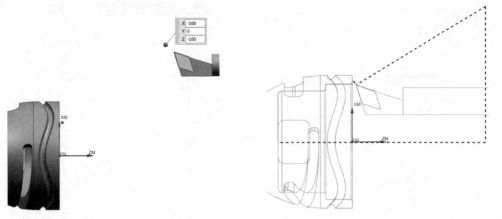

图 5-46 设置离开点   图 5-47 精镗孔刀具路径

5.4.4 车削工件调头加工设置

调头加工，用自定心卡盘夹持内孔ϕ85mm，端面作为定位基准。

1. 创建车削加工坐标系

单击【创建几何体】图标，弹出【创建几何体】对话框，按如图 5-48 所示设置参数，单击【确定】，弹出如图 5-49 所示的对话框。在【指定 MCS】处，单击图标，弹出【坐标系】对话框，拾取毛坯端面圆心建立加工坐标系，如图 5-50 所示。其余默认，最后单击【确定】按钮。

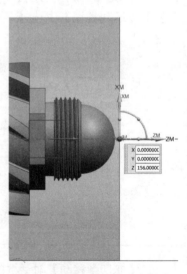

图 5-48 创建几何体   图 5-49 设置 MCS   图 5-50 建立调头加工坐标系

2. 创建车削工件几何体

1）双击 WORKPIECE 节点图标，弹出【工件】对话框，如图 5-51 所示，单击【指定部件】图标，弹出【部件几何体】对话框，如图 5-52 所示。选择零件为部件几何体，单击【确定】按钮。单击【指定毛坯】图标，弹出【毛坯几何体】对话框，如图 5-53 所示。选择绘制好的几何体作为毛坯，单击【确定】按钮。继续单击【确定】按钮，完成工件几何体设置。

2）双击【TURNING_WORKPIECE_1】，弹出如图 5-54 所示【车削工件】对话框。单击【指定毛坯边界】🔘图标，如图 5-55 所示设置参数，单击【确定】按钮。

图 5-51　【工件】对话框

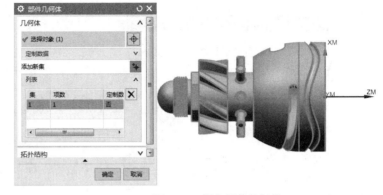

图 5-52　指定部件几何体

图 5-53　指定毛坯几何体

图 5-54　设置 TURNING_WORKPIECE_1

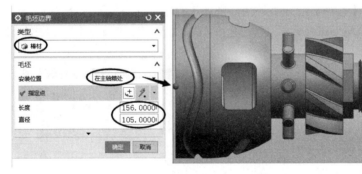

图 5-55　设置毛坯边界

3. 避让设置 AVOIDANCE_1

此步骤可以省略，如省略则在【非切削移动】对话框里设置。加工外径和加工内径设置避让的参数不一样，以下介绍加工外径参数设置。单击【创建几何体】🔲图标，在弹出的【创建几何体】对话框中按如图 5-56 所示设置，单击【确定】按钮，弹出【避让】对话框。在【运动到起点（ST）】|【运动类型】中选择"直接"，【点选项】选择"点"，在【指定点】中单击【点】图标，在动态文本框中输入坐标"-53，0，3"（外径 105mm，指定点 53*2=106，数值≥外径即可），单击【确定】按钮。在【运动到返回点/安全平面（RT）】|【运动类型】中选择"🔲 径向 -> 轴向"，【点选项】中选择"点"，在【指定点】中单击【点】图标，在动态文本框中输入坐标"-100，0，100"，其余默认，如图 5-57 所示，单击【确定】按钮。

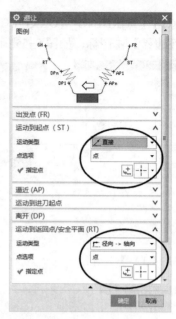

图 5-56　创建避让几何体　　　　　　　　图 5-57　避让设置

5.4.5　创建外径车削加工程序

1. 粗车外圆轮廓

1）鼠标右击"外径车削加工程序"程序组，在弹出的快捷菜单中，单击【插入】|【创建工序】图标，弹出【创建工序】对话框，如图 5-58 所示。【类型】选择"turning"，【工序子类型】选择"外径粗车"，【程序】选择"外径车削加工程序"，【刀具】选择"OD_80_L（车刀-标注）"；【几何体】选择"AVOIDANCE_1"，其余默认。单击【确定】按钮，弹出如图 5-59 所示的【外径粗车】对话框。

图 5-58　创建工序　　　　　　　　图 5-59　粗车外圆轮廓

2）在【步进】|【切削深度】中选择"恒定"，【深度】输入"1.5"，【变换模式】选择"省略"，如图 5-59 所示。

3）单击【切削参数】 图标，弹出【切削参数】对话框。在【余量】|【恒定】中输入"0.2"，如图 5-60 所示，单击【确定】按钮。

4）前面已经创建外径加工避让 AVOIDANCE_1（图 5-56），【非切削移动】参数默认即可。

5）单击【进给率和速度】 图标，打开【进给率和速度】对话框。【输出模式】选择"RPM"，【主轴速度】中输入"900"，在【进给率】|【切削】中输入"150"，单击【确定】按钮。

6）单击 生成按钮，生成的刀具路径如图 5-61 所示。

图 5-60 余量设置

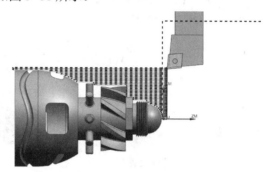

图 5-61 粗车外圆轮廓刀具路径

2. 精车外圆轮廓

1）鼠标右击"外径车削加工程序"程序组，在弹出的快捷菜单中，单击【插入】|【创建工序】 图标，弹出【创建工序】对话框，如图 5-62 所示。【类型】选择"turning"，【工序子类型】选择"外径精车"，【程序】选择"外径车削加工程序"，【刀具】选择"OD_80_L（车刀-标准）"，【几何体】选择"AVOIDANCE_1"，其余默认。单击【确定】按钮，弹出如图 5-63 所示的【外径精车】对话框。

图 5-62 创建工序

图 5-63 精车外圆轮廓

2）在【刀轨设置】选项组下选中【省略变换区】，如图 5-63 所示。

3）单击【切削参数】 图标，弹出【切削参数】对话框，在【余量】｜【恒定】中输入"0"，如图 5-64 所示，单击【确定】按钮。

4）前面已经创建外径加工避让 AVOIDANCE_1（图 5-56），【非切削移动】参数默认即可。

5）单击【进给率和速度】 图标，打开【进给率和速度】对话框。【输出模式】选择"RPM"，【主轴速度】中输入"1000"，在【进给率】｜【切削】中输入"120"，单击【确定】按钮。

6）单击 生成按钮，生成的刀具路径如图 5-65 所示。

图 5-64　余量设置

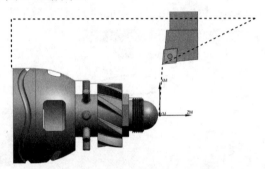

图 5-65　精车外圆轮廓刀具路径

5.4.6　创建外径切槽加工程序

1）鼠标右击"外径切槽加工程序"程序组，在弹出的快捷菜单中，单击【插入】｜【创建工序】 图标，弹出【创建工序】对话框，如图 5-66 所示。【类型】选择"turning"，【工序子类型】选择"外径开槽"，【程序】选择"外径切槽加工程序"，【刀具】选择"OD_GROOVE_L"，【几何体】选择"AVOIDANCE_1"，其余默认。单击【确定】按钮，弹出如图 5-67 所示的【外径开槽】对话框。

图 5-66　创建工序

图 5-67　切螺纹退刀槽

2）在【外径开槽】对话框中单击【切削区域】 🔧 编辑图标，弹出如图 5-68 所示的【切削区域】对话框。在【轴向修剪平面 1】|【限制选项】中选择"点"（限制轴向的加工范围），【指定点】单击【点】 🔾 图标，在动态文本框中输入"0，0，123"，如图 5-68 所示。在【轴向修剪平面 2】|【限制选项】中选择"点"（限制轴向的加工范围），【指定点】单击【点】 🔾 图标，在动态文本框中输入"0，0，127"，如图 5-69 所示，单击【确定】按钮。

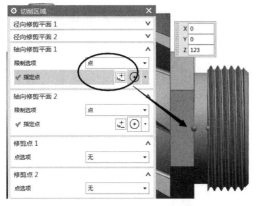

图 5-68　轴向修剪平面 1

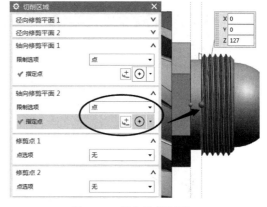

图 5-69　轴向修剪平面 2

3）在【外径开槽】对话框的【切削策略】|【策略】中选择" ⊞ 单向插削"，如图 5-67 所示。【切削参数】采用默认即可。

4）前面已经创建外径加工避让 AVOIDANCE_1（图 5-56），【非切削移动】参数默认即可。

5）单击【进给率和速度】 🔧 图标，打开【进给率和速度】对话框。【输出模式】选择"RPM"，【主轴速度】中输入"500"，在【进给率】|【切削】中输入"40"，单击【确定】按钮。

6）单击 ▶ 生成按钮，生成的刀具路径如图 5-70 所示。

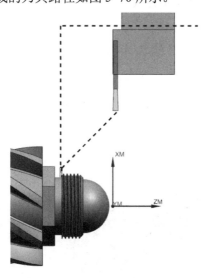

图 5-70　切削螺纹退刀槽刀具路径

5.4.7　创建外径车螺纹加工程序

1）单击【视图】|【图层设置】，选中 101 图层，鼠标右击"外径车螺纹加工程序"，在弹出的快捷菜单中，单击【插入】|【创建工序】 图标，弹出【创建工序】对话框，如图 5-71 所示。【类型】选择"turning"，【工序子类型】选择"外径螺纹铣"，【程序】选择"外径车螺纹加工程序"，【刀具】选择"OD_THREAD_L"，【几何体】选择"AVOIDANCE_1"，其余默认。单击【确定】按钮，弹出如图 5-72 所示的【外径螺纹铣】对话框。

图 5-71　创建工序　　　　　　　　　　图 5-72　车外螺纹

2）在【外径螺纹铣】对话框中，【螺纹形状】|【选择顶线】选择顶端的截面线，【选择根线】选择顶端的截面线（可以和顶线是同一条线，也可以另外做辅助线），【起始偏置】输入"5"，【终止偏置】输入"2"，【根偏置】输入"1.1"（根偏置＝螺纹牙高，顶线与根线共线的情况下设置此处），如图 5-73 所示。

3）在【刀轨设置】|【切削深度】中选择"恒定"，【最大距离】输入"0.2"，【螺纹头数】输入"1"，如图 5-72 所示。

4）单击【切削参数】 图标，弹出【切削参数】对话框，在【螺距】|【距离】中输入"2"，其余默认，如图 5-74 所示。

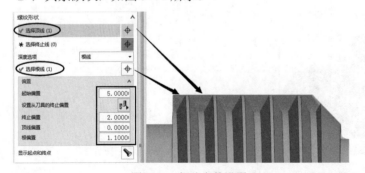

图 5-73　螺纹参数设置　　　　　　　　图 5-74　切削参数

5）前面已经创建外径加工避让 AVOIDANCE_1（图 5-56），
【非切削移动】参数默认即可。

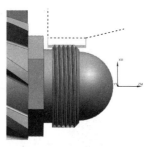

6）单击【进给率和速度】![icon]图标，弹出【进给率和速
度】对话框。【输出模式】选择"RPM"，【主轴速度】中输入
"600"，在【进给率】｜【切削】中输入"2"，单击【确定】
按钮。

7）单击![icon]生成按钮，生成的刀具路径如图 5-75 所示。

图 5-75　切削螺纹刀具路径

5.4.8　创建凸圆柱加工程序

1．粗加工凸圆柱上边缘

1）单击工具栏【视图】｜【图层设置】，将 105 图层设为可见，在建模
里面做好辅助线和辅助面（体），如图 5-76 所示。

2）鼠标右击"凸圆柱加工程序"程序组，在弹出的快捷菜单中，单击
【插入】｜【创建工序】![icon]图标，弹出【创建工序】对话框，按照如图 5-77 所示设置，单击
【确定】按钮，弹出【可变轮廓铣】对话框，如图 5-78 所示。

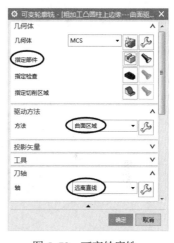

图 5-76　辅助线/辅助面　　　　图 5-77　创建工序　　　　图 5-78　可变轮廓铣

3）单击【指定部件】![icon]图标，打开【部件几何体】对话框。选择 ϕ44 圆柱面作为部件，如
图 5-79 所示（如果不选择部件，将不能产生多刀路，余量参数也无效）。

4）如图 5-78 所示，在【驱动方法】｜【方法】中选择"曲面区域"，弹出【曲面区域驱动
方法】对话框，如图 5-80 所示。单击【指定驱动几何体】，打开【驱动几何体】对话框，选择
已经做好的辅助面，如图 5-81 所示。在【曲面区域驱动方法】对话框中，单击【切削区域】下
拉列表框的倒三角符号"▼"，单击"曲面%"，弹出【曲面百分比方法】对话框。在【起始步
长%】中输入"10"（留侧边的余量，此值是根据驱动几何体的百分比计算。例如：驱动几何体
1mm 长，则 1mm×10%=0.1mm，因此侧边余量 0.1mm），如图 5-82 所示。

单击【切削方向】![icon]图标，选择如图 5-83 所示的箭头方向，注意检查材料侧方向是否正
确，【切削模式】选择"往复"，【步距】选择"数量"，【步距数】输入"1"，如图 5-80 所示，
单击【确定】按钮。

拓展：如图 5-84 所示，详细展现出曲面百分比方法的用途。

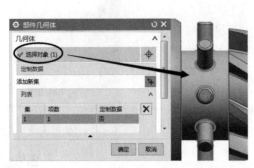

图 5-79　指定部件

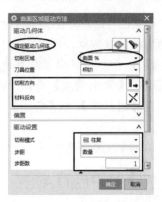

图 5-80　曲面区域驱动方法

图 5-81　指定驱动几何体

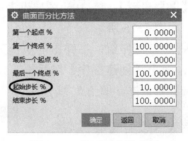

图 5-82　曲面百分比方法

图 5-83　指定切削方向

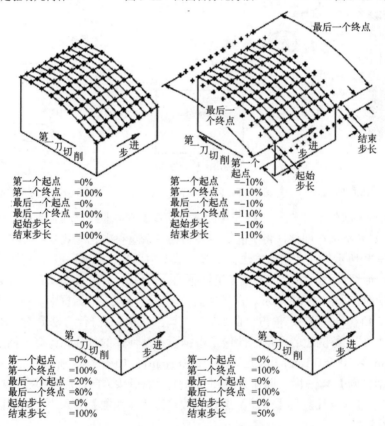

图 5-84　【曲面%】选项示意图

① 【第一个起点】和【第一个终点】：是指第一个刀路（作为沿着切削方向的百分比距离计算）的第一个和最后一个驱动点的位置。

② 【最后一个起点】和【最后一个终点】：是指最后一个刀路（作为沿着切削方向的百分比距离计算）的第一个和最后一个驱动点的位置。

③ 【起始步长】和【结束步长】：是指沿着步进方向（即垂直于第一个"切削方向"）的百分比距离。

注意： 当指定了多个驱动曲面时，最后一个起点和最后一个终点不可用。

5）在【可变轮廓铣】对话框的【刀轴】｜【轴】中选择"远离直线"，如图 5-78 所示。

6）单击【切削参数】![图标] 图标，弹出【切削参数】对话框。在【多刀路】｜【多重深度】｜【部件余量偏置】中输入"12"，选中【多重深度切削】，【步进方法】选择"增量"，【增量】输入"1"，如图 5-85 所示。在【余量】｜【部件余量】中输入"0.1"，如图 5-86 所示。

图 5-85 多刀路设置

图 5-86 余量设置

7）单击【进给率和速度】![图标] 图标，打开【进给率和速度】对话框。【输出模式】选择"RPM"，在【主轴速度】中输入"3500"，在【进给率】｜【切削】中输入"500"，单击【确定】按钮。

8）单击![图标]生成图标，生成的刀具路径如图 5-87 所示。

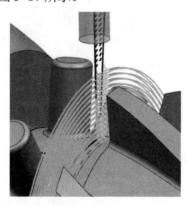

图 5-87 刀具路径

2. 粗加工凸圆柱下边缘

1）鼠标右击"凸圆柱加工程序"程序组，在弹出的快捷菜单中，单击【插入】｜【创建工序】![图标]图标，弹出【创建工序】对话框，按照如图 5-88 所示设置，单击【确定】按钮，弹出【可变轮廓铣】对话框，如图 5-89 所示。

图 5-88　创建工序

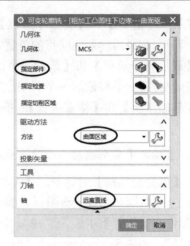

图 5-89　可变轮廓铣

2）单击【指定部件】 图标，打开【部件几何体】对话框。选择 ϕ44 圆柱面作为部件，如图 5-90 所示（如果不选择部件，将不能产生多刀路，余量参数也无效）。

3）如图 5-89 所示，在【驱动方法】|【方法】中选择"曲面区域"，弹出【曲面区域驱动方法】对话框，如图 5-91 所示。单击【指定驱动几何体】，打开【驱动几何体】对话框，选择已经做好的辅助面，如图 5-92 所示。如图 5-91 所示，单击【切削区域】下拉列表框的倒三角符号"▼"，单击"曲面%"，弹出【曲面百分比方法】对话框。在【结束步长%】输入"90"（留侧边的余量，此值是根据驱动几何体的百分比计算。例如：驱动几何体 1mm 长，则 1mm×（100%-90%）=0.1mm，因此侧边余量 0.1mm），如图 5-93 所示。

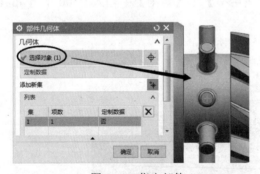

图 5-90　指定部件

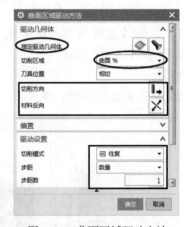

图 5-91　曲面区域驱动方法

图 5-92　指定驱动几何体

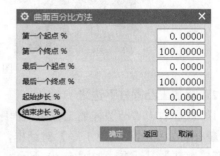

图 5-93　曲面百分比方法

单击【切削方向】 ↳ 图标，选择如图 5-94 所示的箭头方向，注意检查材料侧方向是否正确。【切削模式】选择"往复"，【步距】选择"数量"，【步距数】输入"1"，如图 5-91 所示，单击【确定】按钮。

4）在【可变轮廓铣】对话框的【刀轴】|【轴】中选择"远离直线"，如图 5-89 所示。

5）单击【切削参数】 图标，弹出【切削参数】对话框。在【多刀路】|【多重深度】|【部件余量偏置】中输入"14"，选中【多重深度切削】，【步进方法】选择"增量"，【增量】输入"1"，如图 5-95 所示。在【余量】|【部件余量】中输入"0.1"，如图 5-96 所示。

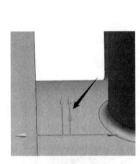
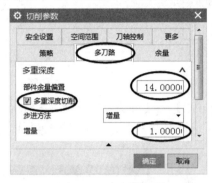

图 5-94　指定切削方向　　　　图 5-95　多刀路设置　　　　图 5-96　余量设置

6）单击【进给率和速度】 图标，打开【进给率和速度】对话框。【输出模式】选择"RPM"，在【主轴速度】中输入"3500"，在【进给率】|【切削】中输入"500"，单击【确定】按钮。

7）单击 生成图标，生成的刀具路径如图 5-97 所示。

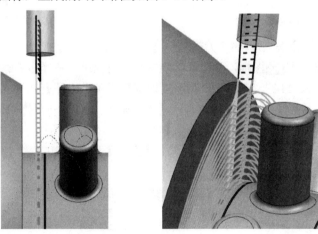

图 5-97　刀具路径

3. 粗加工凸圆柱中间

1）鼠标右击"凸圆柱加工程序"程序组，在弹出的快捷菜单中，单击【插入】|【创建工序】 图标，弹出【创建工序】对话框，按照如图 5-98 所示设置，单击【确定】按钮，弹出【可变轮廓铣】对话框，如图 5-99 所示。

2）单击【指定部件】 图标，打开【部件几何体】对话框。选择 ϕ44mm 的圆柱面作为部件，如图 5-100 所示。

图 5-98　创建工序

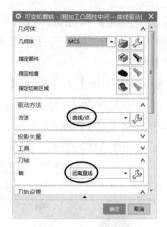

图 5-99　可变轮廓铣

3）如图 5-99 所示，在【驱动方法】|【方法】中选择"曲线/点"，弹出【曲线/点驱动方法】对话框，在【驱动几何体】|【选择曲线】中选择做好的辅助线，如图 5-101 所示，单击【确定】按钮。

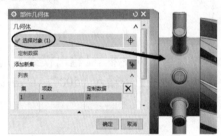

图 5-100　指定部件

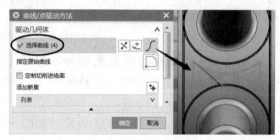

图 5-101　选择曲线

4）在【可变轮廓铣】对话框的【刀轴】|【轴】中选择"远离直线"，如图 5-99 所示。

5）单击【切削参数】🞔图标，弹出【切削参数】对话框，在【多刀路】|【多重深度】|【部件余量偏置】中输入"14"，选中【多重深度切削】，【步进方法】选择"增量"，【增量】输入"1"，如图 5-102 所示。在【余量】|【部件余量】中输入"0.1"，如图 5-103 所示。

6）单击【非切削移动】🞔图标，弹出【非切削移动】对话框，在【进刀】|【进刀类型】中选择"插削"，【进刀位置】选择"距离"，【高度】输入"200"，选择"%刀具百分比"，如图 5-104 所示。

图 5-102　多刀路设置

图 5-103　余量设置

图 5-104　进刀设置

7）单击【进给率和速度】🞔图标，打开【进给率和速度】对话框。【输出模式】选择"RPM"，在【主轴速度】中输入"3500"，在【进给率】|【切削】中输入"500"，单击【确定】按钮。

8）单击 ▶ 生成图标，生成的刀具路径如图 5-105 所示。

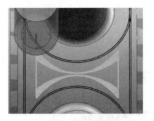

图 5-105　刀具路径

9）变换刀具路径。选中本节创建好的"粗加工凸圆柱中间加工程序"，单击鼠标右键，在快捷菜单中选择【对象】|【变换】，弹出【变换】对话框。【类型】选择"绕直线旋转"，在【变换参数】|【直线方法】中选择"点和矢量"，【指定点】选择"圆心"，在【指定矢量】选项中选择对应的矢量，【角度】输入"45"，在【结果】选项组中选中"复制"，【非关联副本数】输入"7"，如图 5-106 所示，单击【确定】按钮，得到变换的刀具路径，如图 5-107 所示。

图 5-106　变换参数设置　　　　　图 5-107　变换的刀具路径

4. 粗加工凸圆柱

1）鼠标右击 "凸圆柱加工程序"程序组，在弹出的快捷菜单中，单击【插入】|【创建工序】 ▶ 图标，弹出【创建工序】对话框，选择"深度轮廓铣"，按如图 5-108 所示设置，单击【确定】按钮，弹出如图 5-109 所示【深度轮廓铣】对话框。

图 5-108　创建工序　　　　　　　图 5-109　深度轮廓铣

2）单击【指定切削区域】 ◈ 图标，弹出【切削区域】对话框，选择凸圆柱面，如图 5-110 所示。

3）在【深度轮廓铣】对话框的【刀轴】｜【轴】中选择"指定矢量"，在【指定矢量】选项中选择"面"，如图 5-111 所示。

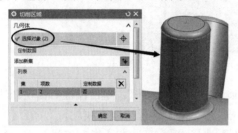

图 5-110　指定切削区域

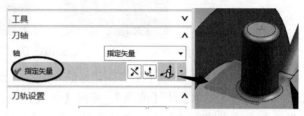

图 5-111　指定矢量

4）在【深度轮廓铣】对话框的【刀轨设置】｜【公共每刀切削深度】中选择"恒定"，【最大距离】输入"1"。如图 5-109 所示。

5）单击【切削参数】 🖅 图标，弹出【切削参数】对话框，在【连接】｜【层到层】中选择"沿部件斜进刀"，【斜坡角】输入"1"，单击【确定】按钮，如图 5-112 所示。在【余量】｜【部件侧面余量】和【部件底部余量】中分别输入"0.1"。

图 5-112　切削参数设置

6）【非切削移动】采用默认即可。

7）单击【进给率和速度】 🐾 图标，打开【进给率和速度】对话框。【输出模式】选择"RPM"，在【主轴速度】中输入"3500"，在【进给率】｜【切削】中输入"500"，单击【确定】按钮。

8）单击 🚩 生成图标，生成的刀具路径如图 5-113 所示。

图 5-113　刀具路径

9）变换刀具路径。选中本节创建好的"粗加工凸圆柱加工程序"，单击鼠标右键，在快捷

菜单中选择【对象】|【变换】，弹出【变换】对话框。【类型】选择"绕直线旋转"，【直线方法】选择"点和矢量"，【指定点】选择"圆心"，在【指定矢量】选项中选择对应的矢量，【角度】输入"45"，在【结果】选项组中选中【复制】，【非关联副本数】输入"7"，如图 5-114 所示，单击【确定】按钮，得到变换的刀具路径，如图 5-115 所示。

图 5-114　变换参数设置　　　　　　　图 5-115　变换的刀具路径

5．精加工凸圆柱上边缘

1）鼠标右击"凸圆柱加工程序"程序组，在弹出的快捷菜单中，单击【插入】|【创建工序】图标，弹出【创建工序】对话框，按照如图 5-116 所示设置，单击【确定】按钮，弹出【可变轮廓铣】对话框，如图 5-117 所示。

2）单击【指定部件】图标，打开【部件几何体】对话框。选择 ϕ44 圆柱面作为部件，如图 5-118 所示。

图 5-116　创建工序　　　　图 5-117　可变轮廓铣　　　　图 5-118　指定部件

3）在【可变轮廓铣】对话框的【驱动方法】|【方法】中选择"流线"，单击图标，弹出【流线驱动方法】对话框。在【流曲线】|【选择曲线】中选择已经做好的辅助面边缘曲线①②，如图 5-119 所示。

单击【切削方向】图标，选择如图 5-120 所示的箭头方向，注意检查材料侧方向是否正确，【切削模式】选择"往复"，【步距】选择"数量"，【步距数】输入"1"，单击【确定】按钮。

4）在【可变轮廓铣】对话框的【刀轴】|【轴】中选择"垂直于驱动体"，如图 5-117 所示。【切削参数】和【非切削移动】采用默认即可。

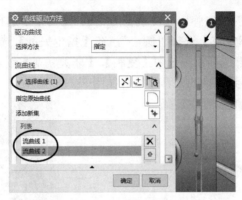

图 5-119　流线驱动

5）单击【进给率和速度】🔧图标，打开【进给率和速度】对话框。【输出模式】选择"RPM"，在【主轴速度】中输入"3500"，在【进给率】|【切削】中输入"500"，单击【确定】按钮。

6）单击📦生成图标，生成的刀具路径如图 5-121 所示。

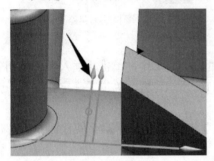

图 5-120　指定切削方向

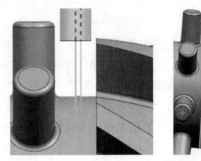

图 5-121　刀具路径

6. 精加工凸圆柱下边缘

1）鼠标右击"凸圆柱加工程序"程序组，在弹出的快捷菜单中，单击【插入】|【创建工序】📦图标，弹出【创建工序】对话框，按照如图 5-122 所示设置，单击【确定】按钮，弹出【可变轮廓铣】对话框，如图 5-123 所示。

2）在【驱动方法】|【方法】中选择"流线"，单击🔧图标，弹出【流线驱动方法】对话框。在【流曲线】|【选择曲线】中选择已经做好的辅助面边缘曲线③④，如图 5-124 所示。

图 5-122　创建工序

图 5-123　可变轮廓铣

图 5-124　流线驱动

单击【切削方向】┃→图标，选择如图 5-125 所示的箭头方向，注意检查材料侧方向是否正确，【切削模式】选择"往复"，【步距】选择"数量"，【步距数】输入"1"，单击【确定】按钮。

3）在【刀轴】｜【轴】中选择"垂直于驱动体"，如图 5-123 所示。

4）在【非切削移动】｜【进刀】｜【圆弧前部延伸】中输入"20"，单击【确定】按钮。

5）单击【进给率和速度】┗图标，打开【进给率和速度】对话框。【输出模式】选择"RPM"，在【主轴速度】中输入"3500"，在【进给率】｜【切削】中输入"500"，单击【确定】按钮，返回【可变轮廓铣】对话框。

6）单击┣生成图标，生成的刀具路径如图 5-126 所示。

图 5-125　指定切削方向

图 5-126　刀具路径

7. 精加工凸圆柱中间

1）鼠标右击"凸圆柱加工程序"程序组，在弹出的快捷菜单中，单击【插入】｜【创建工序】┣图标，弹出【创建工序】对话框，按照如图 5-127 所示设置，单击【确定】按钮，弹出【可变轮廓铣】对话框，如图 5-128 所示。

2）单击【指定部件】┣图标，打开【部件几何体】对话框。选择ϕ44mm 的圆柱面作为部件，如图 5-129 所示。

3）如图 5-128 所示，在【驱动方法】｜【方法】中选择"曲线/点"，弹出【曲线/点驱动方法】对话框。在【驱动几何体】｜【选择曲线】中选择做好的辅助线，如图 5-130 所示，单击【确定】按钮。

图 5-127　创建工序

图 5-128　可变轮廓铣

图 5-129　指定部件

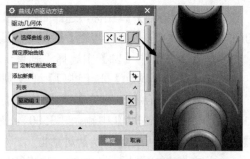

图 5-130　选择曲线

4）在【投影矢量】|【矢量】中选择"朝向直线"，如图 5-128 所示。在【刀轴】|【轴】选择"垂直于部件"，如图 5-128 所示。因为【投影矢量】选择"朝向直线"，所以【刀轴】选择"4 轴，垂直于部件"/"远离直线"/"4 轴，相对于部件"都是正确的）。

温馨提示： 还可以【投影矢量】选择"刀轴"，【刀轴】选择"远离直线"。

5）【切削参数】采用默认即可。

6）单击【非切削移动】图标，弹出【非切削移动】对话框。【进刀】|【进刀类型】选择"插削"，【进刀位置】选择"距离"，【高度】输入"200"，选择"%刀具百分比"，如图 5-131 所示。

7）单击【进给率和速度】图标，打开【进给率和速度】对话框。【输出模式】选择"RPM"，在【主轴速度】中输入"3500"，在【进给率】|【切削】中输入"500"，单击【确定】按钮。

8）单击生成图标，生成的刀具路径如图 5-132 所示。

图 5-131　进刀设置

图 5-132　刀具路径

9）变换刀具路径。选中本节创建好的"精加工凸圆柱中间加工程序"，单击鼠标右键，在弹出的快捷菜单中选择【对象】|【变换】，弹出【变换】对话框，【类型】选择"绕直线旋转"，【直线方法】选择"点和矢量"，【指定点】选择"圆心"，在【指定矢量】选项中选择对应的矢量，【角度】输入"45"，选中【复制】，【非关联副本数】输入"7"，如图 5-133 所示。单击【确定】按钮，得到变换的刀具路径，如图 5-134 所示。

8. 精加工凸圆柱根部

1）鼠标右击"凸圆柱加工程序"程序组，在弹出的快捷菜单中，单击【插入】|【创建工序】图标，弹出【创建工序】对话框，按照如图 5-135 所示设置，单击【确定】按钮，弹出【可变轮廓铣】对话框，如图 5-136 所示。

图 5-133　变换参数设置　　　　　　　　　图 5-134　变换的刀具路径

2）在【驱动方法】|【方法】中选择"曲线/点"，弹出【曲线/点驱动方法】对话框。在【驱动几何体】|【选择曲线】中选择做好的辅助线，如图 5-137 所示，单击【确定】按钮。

图 5-135　创建工序　　　　　图 5-136　可变轮廓铣　　　　　图 5-137　选择曲线

3）在【投影矢量】|【矢量】中选择默认"刀轴"即可，如图 5-136 所示，在【刀轴】|【轴】中选择"远离直线"如图 5-136 所示。

4）单击【非切削移动】 图标，弹出【非切削移动】对话框，【进刀】|【进刀类型】选择"插削"，【进刀位置】选择"距离"，【高度】输入"200"，选择"%刀具百分比"，如图 5-138所示。

图 5-138　进刀设置

5）单击【进给率和速度】 ✥ 图标，打开【进给率和速度】对话框。【输出模式】选择"RPM"，在【主轴速度】中输入"3500"，在【进给率】|【切削】中输入"500"，单击【确定】按钮。

6）单击 ▶ 生成图标，生成的刀具路径如图 5-139 所示。

图 5-139　刀具路径

7）变换刀具路径。选中本节创建好的"精加工凸圆柱根部加工程序"，单击鼠标右键，在快捷菜单中选择【对象】|【变换】，弹出【变换】对话框。【类型】选择"绕直线旋转"，【直线方法】选择"点和矢量"，【指定点】选择"圆心"，在【指定矢量】选项中选择对应的矢量，【角度】输入"45"，在【结果】选项组中选中【复制】，【非关联副本数】输入"7"，如图 5-140所示，单击【确定】按钮，得到变换的刀具路径，如图 5-141 所示。

图 5-140　变换参数设置

图 5-141　变换的刀具路径

9. 精加工凸圆柱

1）鼠标右击 "凸圆柱加工程序"程序组，在弹出的快捷菜单中，单击【插入】|【创建工序】 ▶ 图标，弹出【创建工序】对话框，选择"深度轮廓铣"，按如图 5-142 所示设置，单击【确定】按钮，弹出如图 5-143 所示【深度轮廓铣】对话框。

2）单击【指定切削区域】 ◥ 图标，弹出【切削区域】对话框。选择凸圆柱面，如图 5-144所示。

3）在【深度轮廓铣】对话框的【刀轴】|【轴】中选择"指定矢量"，在【指定矢量】选项中选择"面"，如图 5-145 所示。

图 5-142　创建工序

图 5-143　深度轮廓铣

图 5-144　指定切削区域

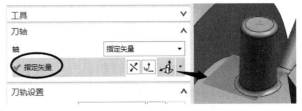

图 5-145　指定矢量

4）在【刀轨设置】|【公共每刀切削深度】中选择"恒定"，【最大距离】输入"0.5"。如图 5-143 所示。

5）单击【切削参数】图标，弹出【切削参数】对话框。在【连接】|【层到层】中选择"沿部件斜进刀"，【斜坡角】输入"1"，单击【确定】按钮，如图 5-146 所示。在【余量】|【部件侧面余量】和【部件底部余量】中分别输入"0.1"。

6）单击【进给率和速度】图标，打开【进给率和速度】对话框。【输出模式】选择"RPM"，在【主轴速度】中输入"3500"，在【进给率】|【切削】中输入"1200"；单击【确定】按钮。

7）单击生成图标，生成的刀具路径如图 5-147 所示。

图 5-146　切削参数设置

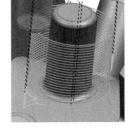

图 5-147　刀具路径

8）变换刀具路径。选中本节创建好的"精加工凸圆柱加工程序"，单击鼠标右键，在快捷菜单中选择【对象】|【变换】，弹出【变换】对话框。【类型】选择"绕直线旋转"，【直线方法】选择"点和矢量"，【指定点】选择"圆心"，在【指定矢量】选项中选择对应的矢量，【角度】输入"45"，在【结果】选项组中选中【复制】，【非关联副本数】输入"7"，如图 5-148 所

示，单击【确定】按钮，得到变换的刀具路径，如图 5-149 所示。

图 5-148　变换参数设置

图 5-149　变换的刀具路径

10. 精加工凸圆柱倒圆角

1）鼠标右击"凸圆柱加工程序"程序组，在弹出的快捷菜单中，单击【插入】|【创建工序】图标，弹出【创建工序】对话框，选择"固定轮廓铣"，按如图 3-150 所示设置，单击【确定】按钮，弹出如图 3-151 所示【固定轮廓铣】对话框。

图 5-150　创建工序

图 5-151　固定轮廓铣

2）单击【指定切削区域】图标，弹出【切削区域】对话框。选择倒圆角，如图 5-152 所示。

3）如图 5-151 所示，在【驱动方法】|【方法】中选择"区域铣削"，弹出如图 5-153 所示的【区域铣削驱动方法】对话框。【非陡峭切削模式】选择"跟随周边"，【刀路方向】选择"向外"，【步距】选择"恒定"，【最大距离】输入"0.3"，【步距已应用】选择"在平面上"，单击【确定】按钮。

4）在【固定轮廓铣】对话框的【刀轴】|【轴】中选择"指定矢量"，在【指定矢量】选项中选择"平面法向"，并且选择创建好的平面，如图 5-152 所示。【切削参数】和【非切削移动】采用默认即可。

5）单击【进给率和速度】图标，打开【进给率和速度】对话框。【输出模式】选择

"RPM"，在【主轴速度】中输入"3500"，在【进给率】|【切削】中输入"800"，单击【确定】按钮。

图 5-152　指定切削区域/指定矢量

图 5-153　区域铣削驱动方法

6）单击 ⚑ 生成图标，生成的刀具路径如图 5-154 所示。

7）变换刀具路径。选中本节创建好的"精加工凸圆柱倒圆角加工程序"，单击鼠标右键，在快捷菜单中选择【对象】|【变换】，弹出【变换】对话框。【类型】选择"绕直线旋转"，【直线方法】选择"点和矢量"，【指定点】选择"圆心"，在【指定矢量】选项中选择对应的矢量，【角度】输入"45"，在【结果】选项组中选中【复制】，【非关联副本数】输入"7"，如图 5-155 所示，单击【确定】按钮，得到变换的刀具路径，如图 5-156 所示。

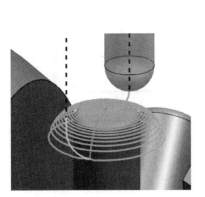

图 5-154　刀具路径

图 5-155　变换参数设置

图 5-156　变换的刀具路径

5.4.9　创建螺旋叶片加工程序

1. 粗加工螺旋叶片

1）单击工具栏【视图】|【图层设置】，将 106 图层设为可见，在建模里面做好辅助线和辅助面（体），如图 5-157 所示。

5.4.9

2）鼠标右击"螺旋叶片加工程序"程序组，在弹出的快捷菜单中，单击【插入】|【创建工序】⚑图标，弹出【创建工序】对话框，按照如图 5-158 所示设置，单击【确定】按钮，弹

出【可变轮廓铣】对话框，如图 5-159 所示。

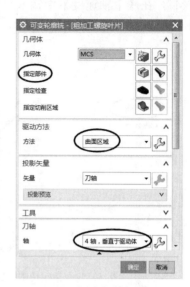

图 5-157　辅助线/辅助面　　　　图 5-158　创建工序　　　　图 5-159　可变轮廓铣

3）单击【指定部件】🔩图标，打开【部件几何体】对话框。选择轮毂面作为部件，如图 5-160 所示（如果不选择部件，将不能产生多刀路，余量参数也无效）。

4）在【可变轮廓铣】对话框的【驱动方法】|【方法】中选择"曲面区域"，弹出【曲面区域驱动方法】对话框，如图 5-161 所示。单击【指定驱动几何体】，打开【驱动几何体】对话框。选择已经做好的辅助面，如图 5-162 所示。

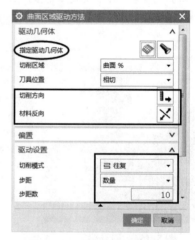

图 5-160　指定部件　　　　　　图 5-161　曲面区域驱动方法

单击【切削方向】图标，选择如图 5-163 所示的箭头方向，注意检查材料侧方向是否正确，【切削模式】选择"往复"，【步距】选择"数量"，【步距数】输入"10"，单击【确定】按钮。

5）在【可变轮廓铣】对话框的【刀轴】|【轴】中选择"4 轴，垂直于驱动体"（也可以选择"4 轴，相对于驱动体"），如图 5-159 所示。

6）单击【切削参数】图标，弹出【切削参数】对话框。在【多刀路】|【多重深度】|【部件余量偏置】中输入"10"，选中【多重深度切削】，【步进方法】选择"增量"，【增

量】输入"1",如图 5-164 所示。在【余量】|【部件余量】中输入"0.1",如图 5-165 所示。

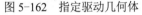

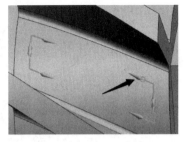

图 5-162　指定驱动几何体　　　　　　　图 5-163　指定切削方向

7）单击【非切削移动】图标,打开【非切削移动】对话框。在【转移/快速】|【安全设置选项】中选择"圆柱",【指定点】选择"零件圆心点",在【指定矢量】选项中选择"XC"轴（根据 WCS 坐标系选择方向）,【半径】输入"50",如图 5-166 所示。

图 5-164　多刀路设置　　　　　图 5-165　余量设置　　　　　图 5-166　非切削移动设置

8）单击【进给率和速度】图标,打开【进给率和速度】对话框。【输出模式】选择"RPM",在【主轴速度】中输入"3500",在【进给率】|【切削】中输入"800",单击【确定】按钮。

9）单击生成图标,生成的刀具路径如图 5-167 所示。

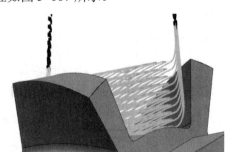

图 5-167　刀具路径

10）变换刀具路径。选中本节创建好的"粗加工螺旋叶片加工程序",单击鼠标右键,在快捷菜单中选择【对象】|【变换】,弹出【变换】对话框。【类型】选择"绕直线旋转",【直线方法】选择"点和矢量",【指定点】选择"圆心",在【指定矢量】选项中选择对应的矢量,【角度】输入"45",在【结果】选项组中选中【复制】,【非关联副本数】输入"7",如图 5-168 所示,单击【确定】按钮,得到变换的刀具路径,如图 5-169 所示。

图 5-168 变换参数设置

图 5-169 变换的刀具路径

2．精加工轮毂

1）鼠标右击"螺旋叶片加工程序"程序组，在弹出的快捷菜单中，单击【插入】|【创建工序】图标，弹出【创建工序】对话框，按照如图 5-170 所示设置，单击【确定】按钮，弹出【可变轮廓铣】对话框，如图 5-171 所示。

2）【指定部件】无需选择（注意：精加工，此步骤可以选择也可以省略）。

3）在【驱动方法】|【方法】中选择"曲面区域"，弹出【曲面区域驱动方法】对话框，如图 5-172 所示。单击【指定驱动几何体】，打开【驱动几何体】对话框，选择已经做好的辅助面，如图 5-173 所示。单击【切削方向】图标，选择如图 5-174 所示的箭头方向，注意检查材料侧方向是否正确，【切削模式】选择"往复"，【步距】选择"数量"，【步距数】输入"10"，单击【确定】按钮。

图 5-170 创建工序

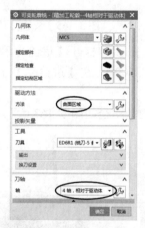

图 5-171 可变轮廓铣

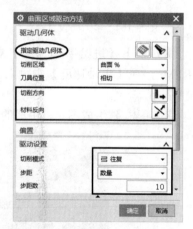

图 5-172 曲面区域驱动方法

图 5-173 指定驱动几何体

图 5-174 指定切削方向

4）在【刀轴】|【轴】中选择"4 轴，相对于驱动体"（也可以选择"4 轴，垂直于驱动体"），如图 5-171 所示。

5）单击【非切削移动】图标，打开【非切削移动】对话框。在【转移/快速】|【安全设置选项】中选择"圆柱"，【指定点】选择"零件圆心点"，在【指定矢量】选项中选择"XC"轴（根据 WCS 坐标系选择方向），【半径】输入"40"，如图 5-175 所示。

6）单击【进给率和速度】图标，打开【进给率和速度】对话框。【输出模式】选择"RPM"，在【主轴速度】中输入"3500"，在【进给率】|【切削】中输入"800"，单击【确定】按钮。

7）单击生成图标，生成的刀具路径如图 5-176 所示。

图 5-175　非切削移动设置

 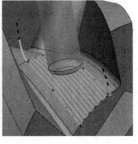

图 5-176　刀具路径

3. 精加工螺旋叶片 1

1）鼠标右击"螺旋叶片加工程序"程序组，在弹出的快捷菜单中，单击【插入】|【创建工序】图标，弹出【创建工序】对话框，按照如图 5-177 所示设置，单击【确定】按钮，弹出【可变轮廓铣】对话框，如图 5-178 所示。

2）在【驱动方法】|【方法】中选择"曲面区域"，弹出【曲面区域驱动方法】对话框。如图 5-179 所示。单击【指定驱动几何体】，打开【驱动几何体】对话框，选择已经做好的辅助面，如图 5-180 所示。

图 5-177　创建工序

图 5-178　可变轮廓铣

图 5-179　曲面区域驱动方法

单击【切削方向】图标，选择如图 5-181 所示的箭头方向，注意检查材料侧方向是否正确，【切削模式】选择"往复"，【步距】选择"数量"，【步距数】输入"20"，单击【确定】按钮。

图 5-180 指定驱动几何体

图 5-181 指定切削方向

3）在【刀轴】|【轴】中选择"远离直线"如图 5-178 所示。

4）单击【进给率和速度】🔩图标，打开【进给率和速度】对话框。【输出模式】选择"RPM"，在【主轴速度】中输入"3500"，在【进给率】|【切削】中输入"800"，单击【确定】按钮。

5）单击🔩生成图标，生成的刀具路径如图 5-182 所示。

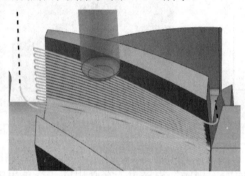

图 5-182 刀具路径

4. 精加工螺旋叶片 2

1）鼠标右击"螺旋叶片加工程序"程序组，在弹出的快捷菜单中，单击【插入】|【创建工序】🔩图标，弹出【创建工序】对话框，按照如图 5-183 所示设置，单击【确定】按钮，弹出【可变轮廓铣】对话框，如图 5-184 所示。

2）在【驱动方法】|【方法】中选择"曲面区域"，弹出【曲面区域驱动方法】对话框，如图 5-185 所示。单击【指定驱动几何体】，打开【驱动几何体】对话框，选择已经做好的辅助面，如图 5-186 所示。

图 5-183 创建工序

图 5-184 可变轮廓铣

图 5-185 曲面区域驱动方法

单击【切削方向】⬛图标，选择如图 5-187 所示的箭头方向，注意检查材料侧方向是否正确，【切削模式】选择"往复"，【步距】选择"数量"，【步距数】输入"20"，单击【确定】按钮。

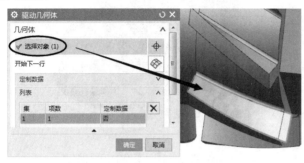

图 5-186　指定驱动几何体　　　　　　　　　图 5-187　指定切削方向

3）如图 5-184 所示，在【刀轴】|【轴】中选择"4 轴，相对于驱动体"，弹出【4 轴，相对于驱动体】对话框，如图 5-188 所示。【旋转轴】根据实际情况选择，【侧倾角】输入"-90"。

4）单击【进给率和速度】🔧图标，打开【进给率和速度】对话框。【输出模式】选择"RPM"，在【主轴速度】中输入"3500"，在【进给率】|【切削】中输入"800"，单击【确定】按钮。

5）单击🔧生成图标，生成的刀具路径如图 5-189 所示。

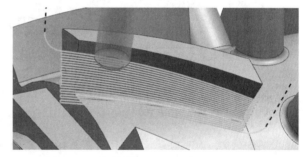

图 5-188　4 轴，相对于驱动体　　　　　　　图 5-189　刀具路径

5. 变换/复制刀具路径

选择创建好的"精加工轮毂"、"精加工螺旋叶片 1"和"精加工螺旋叶片 2"三个加工程序，单击鼠标右键，在快捷菜单中选择【对象】|【变换】，弹出【变换】对话框。【类型】选择"绕直线旋转"，【直线方法】选择"点和矢量"，【指定点】选择"圆心"，在【指定矢量】选项中选择对应的矢量，【角度】输入"45"，在【结果】选项组中选中【复制】，【非关联副本数】输入"7"，如图 5-190 所示。单击【确定】按钮得到变换的刀具路径，如图 5-191 所示。

5.4.10

5.4.10　创建端面 XYZC 铣六边形加工程序

1. 粗加工六边形

1）鼠标右击"端面 XYZC 铣六边形"程序组，在弹出的快捷菜单中，单击【插入】|【创建工序】🖼图标，弹出【创建工序】对话框，选择"实体轮廓 3D"，按如图 5-192 所示设置，单击【确定】按钮，弹出如图 5-193 所示【实体轮廓 3D】对话框。

图 5-190　变换参数设置　　　　　　　　　图 5-191　变换的刀具路径

2）单击【指定壁】 ⬡ 图标，打开【壁几何体】对话框，选择六边形的六个面，如图 5-194 所示。

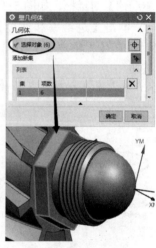

图 5-192　创建工序　　　　　图 5-193　实体轮廓 3D　　　　　图 5-194　指定壁

3）在【刀轴】|【轴】中选择"+ZM 轴"，如图 5-193 所示。

4）单击【切削参数】 🛤 图标，弹出【切削参数】对话框。在【多刀路】|【多重深度】|【部件余量偏置】中输入"7"，选中【多重深度切削】，【步进方法】选择"增量"，【增量】输入"1"，如图 5-195 所示。在【余量】|【部件余量】中输入"0.1"，如图 5-196 所示，单击【确定】按钮。

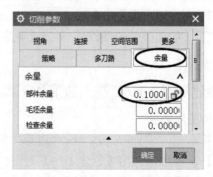

图 5-195　多刀路设置　　　　　　　　　图 5-196　余量设置

5）单击【进给率和速度】🦶图标，打开【进给率和速度】对话框。在【主轴速度】中输入"3500"，在【进给率】|【切削】中输入"600"，单击【确定】按钮。

6）单击🦶生成图标，生成的刀具路径如图 5-197 所示。

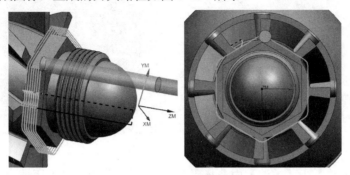

图 5-197　刀具路径

2．精加工六边形 XYZC 定轴 3+1（方法 1）

1）鼠标右击"端面 XYZC 铣六边形"程序组，在弹出的快捷菜单中，单击【插入】|【创建工序】🦶图标，弹出【创建工序】对话框，选择"实体轮廓 3D"，按如图 5-198 所示设置，单击【确定】按钮，弹出如图 5-199 所示【实体轮廓 3D】对话框。

2）单击【指定壁】🬀图标，打开【壁几何体】对话框，选择六边形的六个面，如图 5-200 所示。

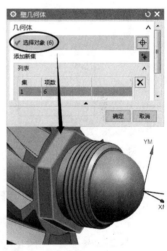

图 5-198　创建工序　　　　图 5-199　实体轮廓 3D　　　　图 5-200　指定壁

3）在【刀轴】|【轴】中选择"+ZM 轴"，如图 5-199 所示。【切削参数】和【非切削移动】采用默认即可。

4）单击【进给率和速度】🦶图标，打开【进给率和速度】对话框。在【主轴速度】中输入"3500"，在【进给率】|【切削】中输入"800"，单击【确定】按钮。

5）单击🦶生成图标，生成的刀具路径如图 5-201 所示。

3．精加工六边形 XYZC 定轴 3+1（方法 2）

1）鼠标右击"端面 XYZC 铣六边形"程序组，在弹出的快捷菜单中，单击【插入】|【创建工序】🦶图标，弹出【创建工序】对话框，按照如图 5-202 所示设置，单击【确定】按

钮，弹出【可变轮廓铣】对话框，如图 5-203 所示。

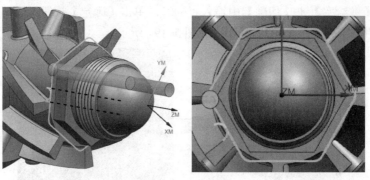

图 5-201　刀具路径

2）在【驱动方法】|【方法】中选择"曲面区域"，弹出【曲面区域驱动方法】对话框，如图 5-204 所示。单击【指定驱动几何体】，打开【驱动几何体】对话框，选择已经做好的辅助面，如图 5-205 所示。

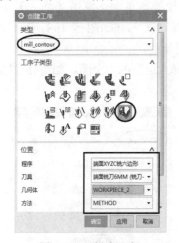

图 5-202　创建工序

图 5-203　可变轮廓铣

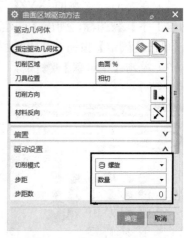

图 5-204　曲面区域驱动方法

单击【切削方向】图标，选择如图 5-206 所示的箭头方向，注意检查材料侧方向是否正确，【切削模式】选择"往复"，【步距】选择"数量"，【步距数】输入"0"，单击【确定】按钮。

图 5-205　指定驱动几何体

图 5-206　指定切削方向

3）如图 5-203 所示，在【刀轴】|【轴】中选择"4 轴，相对于驱动体"，弹出【4 轴，相对于驱动体】对话框如图 5-207 所示。【旋转轴】根据实际情况选择，【侧倾角】输入"90"，单击【确定】按钮。

4）打开【非切削移动】对话框，在【进刀】|【初始】|【进刀类型】中选择"线性-沿矢量"，【长度】输入"50mm"，如图 5-208 所示。同理，在【退刀】|【初始】|【退刀类型】中选择"线性-沿矢量"，【长度】输入"50mm"，单击【确定】按钮。

图 5-207　4 轴，相对于驱动体

图 5-208　非切削移动设置

5）单击【进给率和速度】图标，打开【进给率和速度】对话框。【输出模式】选择"RPM"，在【主轴速度】中输入"3500"，在【进给率】|【切削】中输入"800"，单击【确定】按钮。

6）单击生成图标，生成的刀具路径如图 5-209 所示。

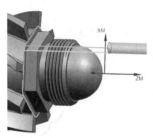
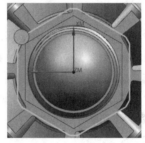

图 5-209　刀具路径

5.4.11　创建异形槽、波浪圆弧槽加工程序

1. 粗加工 32X24 槽

1）单击工具栏【视图】|【图层设置】，将 107 图层设为可见，在建模里面做好辅助线和辅助面（体）。

5.4.11

2）鼠标右击"异形槽-波浪圆弧槽加工程序"程序组，在弹出的快捷菜单中，单击【插入】|【创建工序】图标，弹出【创建工序】对话框，在【类型】中选择"mill_contour"，【工序子类型】中选择"型腔铣"，【刀具】选择"ED6（铣刀-5 参数）"，【几何体】选择"WORKPIECE_2"，【方法】选择"METHOD"，【名称】默认即可，如图 5-210 所示，单击【确定】按钮，弹出如图 5-211 所示【型腔铣】对话框。

3）单击【指定修剪边界】图标，打开【修剪边界】对话框，选择绘制好的范围曲线，在【修剪侧】选项中选择"外侧"，单击【确定】按钮，如图 5-212 所示。

4）在【刀轴】|【轴】中选择"指定矢量"，在【指定矢量】选项中选择"ZC"，如图 5-211 所示（根据 WCS 方向来选择，单击【菜单】|【格式】|【WCS】|【显示】，可查看 WCS 方向）。

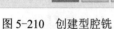

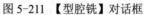

图 5-210　创建型腔铣　　　图 5-211　【型腔铣】对话框　　　图 5-212　修剪边界

5）在【刀轨设置】|【切削模式】中选择"跟随周边"，【公共每刀切削深度】选择"恒定"，【最大距离】输入"1"，如图 5-211 所示。

6）单击【切削层】图标，弹出【切削层】对话框。在【范围类型】选择"单侧"，其余默认，如图 5-213 所示，单击【确定】按钮。

7）单击【切削参数】图标，弹出【切削参数】对话框。在【策略】|【切削方向】中选择"顺铣"，【切削顺序】选择"深度优先"，【刀路方向】选择"向外"，如图 5-214 所示。单击【余量】选项卡，选中"使面部余量与侧面余量一致"，【部件侧面余量】输入"0.2"，其余默认，如图 5-215 所示，单击【确定】按钮，返回【型腔铣】对话框。

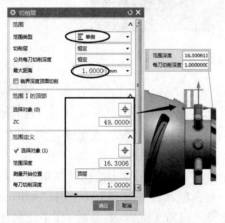

图 5-213　切削层设置　　　　　　　　图 5-214　策略设置

8）单击【非切削移动】图标，弹出【非切削移动】对话框。在【进刀】|【封闭区域】|【进刀类型】中选择"螺旋"，【斜坡角度】输入"1.5"，【高度】输入"0.5"，【开放区域】|【进刀类型】选择"与封闭区域相同"，如图 5-216 所示（进刀选项的参数可以为默认参数，也可以根据需求设置最理想化的参数）。在【转移/快速】|【区域内】|【转移类型】中选择"直接"，其余采用默认，如图 5-217 所示。

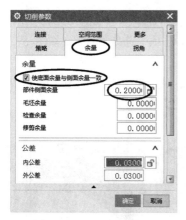

图 5-215　余量设置

图 5-216　进刀参数设置

图 5-217　转移设置

9）单击【进给率和速度】![icon]图标，打开【进给率和速度】对话框。【输出模式】选择"RPM"，在【主轴速度】中输入"3500"，在【进给率】|【切削】中输入"800"，单击【确定】按钮。

10）单击![icon]生成图标，生成的刀具路径如图 5-218 所示。

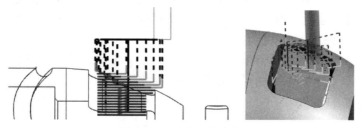

图 5-218　生成刀具路径

2. 精加工 32X24 槽

1）鼠标右击"异形槽-波浪圆弧槽加工程序"程序组，在弹出的快捷菜单中，单击【插入】|【创建工序】![icon]图标，弹出【创建工序】对话框，选择"平面轮廓"，按如图 5-219 所示设置，单击【确定】按钮，弹出如图 5-220 所示【平面轮廓铣】对话框。

2）单击【指定部件边界】![icon]图标，打开【部件边界】对话框，选择绘制好的辅助线，如图 5-221 所示。

图 5-219　创建工序

图 5-220　平面轮廓铣

图 5-221　指定部件边界

3）单击【指定底面】 🖦图标，打开【平面】对话框，选择创建的辅助面，如图 5-222 所示。

4）在【刀轴】|【轴】中选择"指定矢量"，在【指定矢量】选项中选择"ZC"，如图 5-220 所示（根据 WCS 方向来选择）。

5）单击【进给率和速度】 🖦图标，打开【进给率和速度】对话框。在【主轴速度】中输入"3500"，在【进给率】|【切削】中输入"800"，单击【确定】按钮。

6）单击 🖦生成图标，生成的刀具路径如图 5-223 所示。

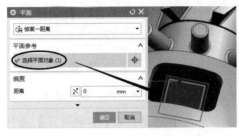 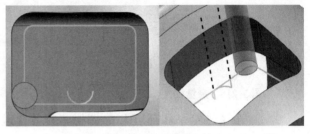

图 5-222　指定底面　　　　　　　　　　　　　　图 5-223　刀具路径

3. 粗加工 14mm 宽的异形槽

1）鼠标右击"异形槽-波浪圆弧槽加工程序"程序组，在弹出的快捷菜单中，单击【插入】|【创建工序】 🖦图标，弹出【创建工序】对话框，按照如图 5-224 所示设置，单击【确定】按钮，弹出如图 5-225 所示【型腔铣】对话框。

2）单击【指定修剪边界】 🖦图标，打开【修剪边界】对话框，选择绘制好的范围曲线，在【修剪侧】中选择"外侧"，单击【确定】按钮，如图 5-226 所示。

  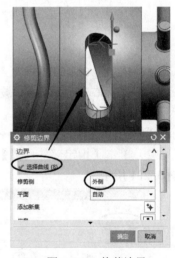

图 5-224　创建型腔铣　　　　　图 5-225　【型腔铣】对话框　　　　图 5-226　修剪边界

3）在【型腔铣】对话框的【刀轴】|【轴】中选择"指定矢量"，在【指定矢量】选项中选择"YC"，如图 5-225 所示。在【刀轨设置】|【切削模式】中选择"跟随周边"，【公共每刀切削深度】选择"恒定"，【最大距离】中输入"1"，如图 5-225 所示。

4）单击【切削层】 🖦图标，弹出【切削层】对话框。在【范围类型】中选择"单侧"，其余默认，如图 5-227 所示，单击【确定】按钮。

5）单击【切削参数】 🖦图标，弹出【切削参数】对话框。在【策略】|【切削方向】中选择"顺铣"，【切削顺序】选择"深度优先"，【刀路方向】选择"向外"，如图 5-228 所示。单

击【余量】选项卡，选中"使底面余量与侧面余量一致"，【部件侧面余量】输入"0.2"，其余默认，如图 5-229 所示，单击【确定】按钮，返回【型腔铣】对话框。

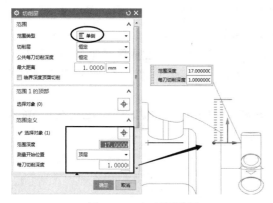

图 5-227　切削层设置

图 5-228　策略设置

6）单击【非切削移动】图标，弹出【非切削移动】对话框。在【进刀】|【封闭区域】|【进刀类型】中选择"螺旋"，【斜坡角度】输入"1.5"，【高度】输入"0.5"，在【开放区域】|【进刀类型】中选择"与封闭区域相同"，如图 5-230 所示（进刀选项的参数可以为默认参数，也可以根据需求设置最理想化的参数）。在【转移/快速】|【区域内】|【转移类型】中选择"直接"，其余采用默认，如图 5-231 所示。

图 5-229　余量设置

图 5-230　进刀参数设置

图 5-231　转移设置

7）单击【进给率和速度】图标，打开【进给率和速度】对话框。【输出模式】选择"RPM"，在【主轴速度】中输入"3500"，在【进给率】|【切削】中输入"800"，单击【确定】按钮。

8）单击生成图标，生成的刀具路径如图 5-232 所示。

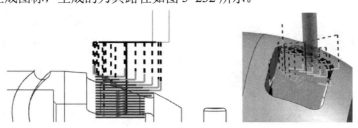

图 5-232　生成刀具路径

4．精加工 14mm 宽的异形槽

1）鼠标右击"异形槽-波浪圆弧槽加工程序"程序组，在弹出的快捷菜单中，单击【插入】|【创建工序】 ⚙图标，弹出【创建工序】对话框，按照如图 5-233 所示设置，单击【确定】按钮，弹出【可变轮廓铣】对话框，如图 5-234 所示。

2）在【驱动方法】|【方法】中选择"曲面区域"，弹出【曲面区域驱动方法】对话框，如图 5-235 所示。单击【指定驱动几何体】，打开【驱动几何体】对话框，选择已经做好的辅助面，如图 5-236 所示。

图 5-233　创建工序

图 5-234　可变轮廓铣

图 5-235　曲面区域驱动方法

单击【切削方向】 图标，选择如图 5-237 所示的箭头方向；注意检查材料侧方向是否正确；【切削模式】选择"往复"；【步距】选择"数量"；【步距数】输入"0"，单击【确定】按钮。

图 5-236　指定驱动几何体

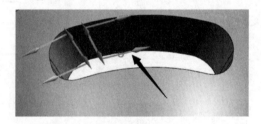

图 5-237　指定切削方向

3）如图 5-234 所示，在【刀轴】|【轴】中选择"4 轴，相对于驱动体"，弹出【4 轴，相对于驱动体】对话框，如图 5-238 所示。【旋转轴】根据实际情况选择，【侧倾角】输入"-90"，单击【确定】按钮。

4）单击【非切削移动】 图标，弹出【非切削移动】对话框。在【进刀】|【进刀类型】中选择"插削"，【高度】输入"20"，单位选择"mm"，如图 5-239 所示，单击【确定】按钮。

图 5-238　4 轴，相对于驱动体

图 5-239　进刀参数

5）单击【进给率和速度】🕂图标，打开【进给率和速度】对话框。【输出模式】选择"RPM"，在【主轴速度】中输入"3500"，在【进给率】|【切削】中输入"800"，单击【确定】按钮。

6）单击▶生成图标，生成的刀具路径如图 5-240 所示。

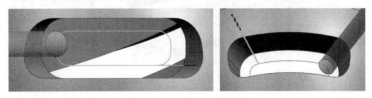

图 5-240　刀具路径

5. 粗加工异形圆弧槽

1）鼠标右击"异形槽-波浪圆弧槽加工程序"程序组，在弹出的快捷菜单中，单击【插入】|【创建工序】🐾图标，弹出【创建工序】对话框，按照如图 5-241 所示设置，单击【确定】按钮，弹出【可变轮廓铣】对话框，如图 5-242 所示。

2）单击【指定部件】🔲图标，打开【部件几何体】对话框，选择辅助面作为部件，如图 5-243 所示。

图 5-241　创建工序　　　　图 5-242　可变轮廓铣　　　　图 5-243　选择部件

3）如图 5-242 所示，在【驱动方法】|【方法】中选择"曲线/点"，弹出【曲线/点驱动方法】对话框，如图 5-244 所示。在【驱动几何体】|【选择曲线】中选择做好的辅助线，单击【确定】按钮。

4）在【刀轴】|【轴】中选择"远离直线"，如图 5-242 所示。

5）单击【切削参数】🔳图标，弹出【切削参数】对话框。在【多刀路】|【多重深度】|【部件余量偏置】中输入"14"，选中【多重深度切削】，【步进方法】选择"增量"，【增量】输入"1"，如图 5-245 所示。

6）单击【非切削移动】🔳图标，弹出【非切削移动】对话框。在【进刀】|【进刀类型】中选择"插削"，【进刀位置】选择"距离"，【高度】输入"5"，单位选择"mm"，如图 5-246 所示。在【转移/快速】|【安全设置选项】中选择"圆柱"，【指定点】选择"零件圆心点"，在【指定矢量】选项中选择"XC"轴（根据 WCS 坐标系选择方向），【半径】输入"55"。在【区域之间】选项组的【逼近】|【距离】和【离开】|【距离】中分别输入"5"，单位为"mm"，如图 5-247 所示。

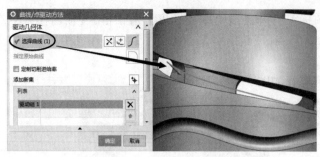

图 5-244　选择驱动曲线　　　　　　　　图 5-245　多刀路

7）单击【进给率和速度】 图标，打开【进给率和速度】对话框。【输出模式】选择"RPM"；在【主轴速度】中输入"5000"；在【进给率】|【切削】中输入"500"，单击【确定】按钮。

8）单击 生成图标，生成的刀具路径如图 5-248 所示。

图 5-246　进刀参数　　　　　　图 5-247　转移/快速　　　　　　图 5-248　刀具路径

6. 精加工异形圆弧槽

1）鼠标右击"异形槽-波浪圆弧槽加工程序"程序组，在弹出的快捷菜单中，单击【插入】|【创建工序】 图标，弹出【创建工序】对话框，按照如图 5-249 所示设置，单击【确定】按钮，弹出【可变轮廓铣】对话框，如图 5-250 所示。

2）在【驱动方法】|【方法】中选择"曲面区域"，弹出【曲面区域驱动方法】对话框，如图 5-251 所示。单击【指定驱动几何体】。打开【驱动几何体】对话框，选择已经做好的辅助面，如图 5-252 所示。单击【切削方向】 图标，选择如图 5-253 所示的箭头方向，注意检查材料侧方向是否正确，【切削模式】选择"往复"，【步距】选择"数量"，【步距数】输入"0"，单击【确定】按钮。

3）如图 5-250 所示，在【刀轴】|【轴】中选择"4 轴，相对于驱动体"，弹出【4轴，相对于驱动体】对话框，如图 5-254 所示。【旋转轴】根据实际情况选择，【侧倾角】输入"-90"，单击【确定】按钮。

图 5-249　创建工序

图 5-250　可变轮廓铣

图 5-251　曲面区域驱动方法

4）单击【非切削移动】 图标，弹出【非切削移动】对话框。在【进刀】｜【进刀类型】中选择"插削"，【高度】输入"20"，单位选择"mm"，如图 5-255 所示。在【转移/快速】｜【安全设置选项】中选择"圆柱"，【指定点】选择"圆心"，【指定矢量】根据 WCS 坐标系实际情况选择，【半径】输入"55"，如图 5-256 所示，单击【确定】按钮。

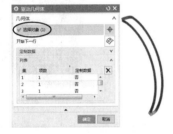

图 5-252　指定驱动几何体

图 5-253　指定切削方向

图 5-254　4 轴，相对于驱动体

图 5-255　进刀设置

图 5-256　快速/转移设置

5）单击【进给率和速度】 图标，打开【进给率和速度】对话框。【输出模式】选择"RPM"，在【主轴速度】中输入"3500"，在【进给率】｜【切削】中输入"800"，单击【确定】按钮。

6）单击 生成图标，生成的刀具路径如图 5-257 所示。

图 5-257　刀具路径

7. 加工波浪圆弧槽

1）单击工具栏【视图】|【图层设置】，将 108 图层设为可见，在建模里面做好辅助线和辅助面（体）。

2）鼠标右击"异形槽-波浪圆弧槽加工程序"程序组，在弹出的快捷菜单中，单击【插入】|【创建工序】 图标，弹出【创建工序】对话框，按照如图 5-258 所示设置，单击【确定】按钮，弹出【可变轮廓铣】对话框，如图 5-259 所示。

3）单击【指定部件】 图标，打开【部件几何体】对话框，选择辅助面作为部件，如图 5-260 所示。

图 5-258 创建工序

图 5-259 可变轮廓铣

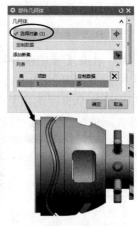

图 5-260 选择部件

4）在【可变轮廓铣】对话框的【驱动方法】|【方法】中选择"曲线/点"，弹出【曲线/点驱动方法】对话框，如图 5-261 所示。在【驱动几何体】|【选择曲线】中选择做好的辅助线，单击【确定】按钮。

5）在【刀轴】|【轴】中选择"远离直线"，如图 5-259 所示。

6）单击【切削参数】 图标，弹出【切削参数】对话框。在【多刀路】|【多重深度】|【部件余量偏置】中输入"3"，选中【多重深度切削】，【步进方法】选择"增量"，【增量】输入"0.8"，如图 5-262 所示。

图 5-261 选择驱动曲线

图 5-262 多刀路设置

7）单击【非切削移动】 图标，弹出【非切削移动】对话框。在【进刀】|【进刀类型】中选择"插削"，【进刀位置】选择"距离"，【高度】输入"5"，单位选择"mm"，如图 5-263

所示。在【转移/快速】|【安全设置选项】中选择"圆柱",【指定点】选择"零件圆心点",在【指定矢量】选项中选择"XC"轴（根据 WCS 坐标系选择方向），【半径】输入"65"，如图 5-264 所示。在【区域之间】选项组的【逼近】|【距离】和【离开】|【距离】中分别输入"5"，单位为"mm"，如图 5-265 所示。

图 5-263　进刀参数设置　　　图 5-264　转移/快速设置　　　图 5-265　逼近/离开设置

8）单击【进给率和速度】图标，打开【进给率和速度】对话框。【输出模式】选择"RPM"，在【主轴速度】中输入"5000"，在【进给率】|【切削】中输入"500"，单击【确定】按钮。

9）单击生成图标，生成的刀具路径如图 5-266 所示。

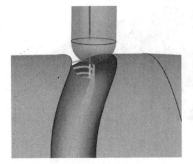

图 5-266　刀具路径

5.5　后处理输出程序

分别输出程序："钻孔加工程序""端面车削加工程序""镗孔车削加工程序""外径车削加工程序""外径切槽加工程序""外径车螺纹加工程序""凸圆柱加工程序""螺旋叶片加工程序""端面 XYZC 铣六边形""异形槽-波浪圆弧槽加工程序"。例如鼠标右键单击"钻孔加工程序"，在弹出的菜单中，选择【后处理】，单击【浏览以查找后处器】图标，选择预先设置好的车床后处理"Turning_XZ"，【文件名】文本框中输入程序路径和名称，单击【确定】按钮，如图 5-267 所示。

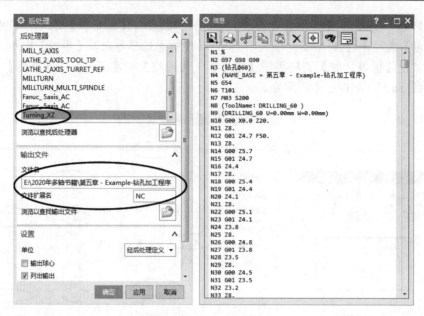

图 5-267　输出程序

5.6　Vericut 程序验证

将所有后置处理输出的程序，导入 Vericut 8.2.1 软件，仿真演示结果如图 5-268 所示。

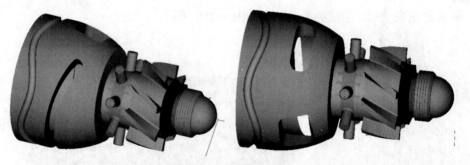

图 5-268　仿真演示结果

第6章 异形叶轮机构编程与加工

【教学目标】

知识目标:

掌握叶轮加工特点。

掌握叶轮编程设置方法。

掌握多刀路参数设置方法。

掌握联动加工凸台方法。

掌握联动加工型腔方法。

掌握弯管孔参数设置方法。

掌握多轴编程里的外形轮廓铣的编程方法。

掌握辅助刀轨输出 CLSF 方法。

掌握曲面驱动的编程方法。

掌握流线驱动的编程方法。

掌握曲线驱动的编程方法。

掌握刀轨驱动（CLSF）的编程方法。

掌握定轴、多轴编程里的刀轴与投影矢量使用技巧。

掌握用型腔铣加工、区域轮廓铣加工曲面的参数设置方法。

掌握变换刀具路径的方法。

能力目标: 能运用 UG NX 软件完叶轮机构的编程与后置处理、仿真加工和程序验证。

【教学重点与难点】

叶轮加工特点；叶轮编程方法；联动加工凸台和型腔的编程方法；辅助刀轨输出 CLSF 方法；外形轮廓铣的编程方法。

【本章导读】

图 6-1 所示为异形叶轮机构图。

异形叶轮机构
二维工程图

图 6-1 异形叶轮机构三维图

制定合理的加工工艺，完成异形叶轮机构的刀具路径设置及仿真加工，将程序后置处理并导入 Vericut 验证。

6.1～6.3

6.1 工艺分析与刀路规划

1. 加工方法

本例异形叶轮机构，使用多轴加工、定轴 3+2。

2. 毛坯选用

本例毛坯选用铝合金，用数控车把外形尺寸车削到位。

3. 刀路规划

（1）叶轮加工

① 加工顶部，刀具为 ED10 平底刀，加工余量为 0。

② 粗加工包覆面，刀具为 ED10 平底刀，加工余量为 0.1。

③ 粗加工叶轮，刀具为 ED6R3 球头刀，加工余量为 0.2。

④ 精加工流道，刀具为 ED6R3 球头刀。

⑤ 精加工叶片，刀具为 ED6R3 球头刀。

⑥ 精加工叶根圆，刀具为 ED6R3 球头刀。

⑦ 精加工包覆面，刀具为 ED4R2 球头刀。

（2）ϕ90mm 圆柱加工

① 粗加工ϕ90mm 圆柱面，刀具为 ED10 平底刀，加工余量为 0.1。

② 精加工ϕ90mm 圆柱面，刀具为 ED10 平底刀。

（3）锥度面与 NX 凸起字体加工

① 辅助程序输出 CLSF，刀具为尖刀，加工余量为 0，刀具号为 T0。

② 粗加工锥度面上端，刀具为 ED6 平底刀，加工余量为 0.1。

③ 联动粗加工锥度面，刀具为 ED6 平底刀，加工余量为 0.1。

④ 精加工锥度面上端，刀具为 ED6 平底刀。

⑤ 联动精加工锥度面，刀具为 ED6 平底刀。

⑥ 精加工 N 凸起字体侧壁，刀具为 ED4 平底刀。

⑦ 精加工 X 凸起字体侧壁，刀具为 ED4 平底刀。

⑧ 精加工 N 凸起字体根部，刀具为 ED4R0.5 圆鼻刀。

⑨ 精加工 X 凸起字体根部，刀具为 ED4R0.5 圆鼻刀。

（4）矩形型腔与椭圆凸台加工

① 联动粗加工矩形型腔与椭圆凸台，刀具为 ED6 平底刀，加工余量为 0.1。

② 联动精加工矩形型腔与椭圆凸台底部，刀具为 ED6 平底刀。

③ 精加工矩形型腔侧壁，刀具为 ED6 平底刀。

④ 精加工矩形型腔根部，刀具为 ED6R1 圆鼻刀。

⑤ 精加工椭圆凸台侧壁，刀具为 ED6 平底刀。

⑥ 精加工椭圆凸台根部，刀具为 ED6R1 圆鼻刀。

（5）弯管孔加工

① 粗加工弯管孔，刀具为球形铣刀 R8，加工余量为 0.1。

② 精加工弯管孔，刀具为球形铣刀 R8。

6.2　创建几何体

进入加工环境：单击【文件（F）】，在【启动】选项卡中选择【🖥加工】，单击【确定】按钮进入加工界面。

6.2.1　创建加工坐标系

单击工具栏【视图】|【图层设置】，选中 101 图层，将 101 层设为可见。在当前界面最左侧单击工序导航器🗂，空白处鼠标右击，在弹出的快捷菜单中，选择【几何视图】，单击【创建几何体】图标🗔，弹出如图 6-2 所示的对话框，单击【确定】按钮，弹出如图 6-3 所示的对话框。在【指定 MCS】处，单击🞂图标，弹出图 6-4 所示的【坐标系】对话框，然后拾取端面圆心建立加工坐标系，单击【确定】按钮。其余默认，最后单击【确定】按钮。

图 6-2　进入加工环境

图 6-3　设置 MCS

图 6-4　建立加工坐标系

6.2.2　创建工件几何体

双击🗔 WORKPIECE 节点图标，弹出【工件】对话框，如图 6-5 所示。单击【指定部件】图标，弹出【部件几何体】对话框，如图 6-6 所示。选择异形叶轮为部件几何体，单击【确定】按钮。单击【指定毛坯】图标，弹出【毛坯几何体】对话框，如图 6-7 所示。在类型下拉列表中提供了七种建立毛坯的方法，本例选择绘制好的实体作为毛坯，单击【确定】按钮。继续单击【确定】按钮，完成工件几何体设置。

图 6-5　【工件】对话框

图 6-6　指定部件几何体

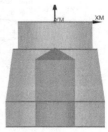

图 6-7　指定毛坯几何体

双击 MULTI_BLADE_GEOM 节点图标，弹出【多叶片几何体】对话框，如图 6-8 所示。

1）单击【指定轮毂】，打开【轮毂几何体】对话框。单击【定义轮毂】|【选择对象】，按图 6-9 所示选择。

2）单击工具栏【视图】|【图层设置】，选中 102 图层，将 102 层设为可见。单击【指定包覆】，打开【包覆几何体】对话框。单击【定义包覆】|【选择对象】，按图 6-10 所示选择。

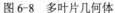

图 6-8　多叶片几何体　　　　图 6-9　指定轮毂几何体　　　　图 6-10　指定包覆几何体

3）单击【指定叶片】，打开【叶片几何体】对话框。单击【定义叶片】|【选择对象】，按图 6-11 所示选择。

4）单击【指定叶根圆角】，打开【叶根圆角几何体】对话框。单击【定义叶根圆角】｜
【选择对象】，按图 6-12 所示选择。

图 6-11　指定叶片几何体

图 6-12　指定叶根圆角

温馨提示： 如果有分流叶片，同理根据需求选择。

6.3　创建刀具

在工序导航器状态下，空白处鼠标右击，在弹出的快捷菜单中，选择【 机床视图】，在
工具条中选择【创建刀具】 图标，弹出【创建刀具】对话框，如图 6-13 所示。在【类型】
中选择 "mill_multi_blade"，在【刀具子类型】中选择 MILL，在【名称】文本框中输入
"ED6R3"，单击【确定】按钮，弹出【铣刀_5 参数】对话框，如图 6-14 所示。在【尺寸】选
项组中，【直径】输入 "6"，【下半径】输入 "3"，【长度】输入实际值（默认 75），【刀刃长
度】输入实际值（默认 50）。在【编号】选项组中，【刀具号】作为 2 号刀具，故输入 "2"，
【补偿寄存器】（长度补偿）和【刀具补偿寄存器】（半径补偿）都输入 "2"，单击【确定】按
钮，完成刀具的创建。

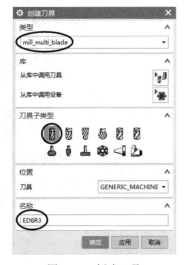

图 6-13　创建刀具

图 6-14　刀具参数设置

用同样方法创建其他刀具：ED6、ED10、ED6R1、球形铣刀_16、ED4、ED4R0.5、ED4R2、尖刀。

6.4　创建工序

图 6-15　创建程序组

在创建加工程序前，可以先建立加工程序组。

1）在工序导航器状态下，空白处鼠标右键单击，在弹出的快捷菜单中，选择【 程序顺序图】，在工具条中单击【创建程序】 图标，在【创建程序】对话框【名称】文本框中输入需要创建的程序组名称，例如，"叶轮粗加工程序"如图 6-15 所示，其余默认，单击【确定】按钮，完成程序组的创建。

2）用同样的方法继续创建："轮毂精加工程序""叶片精加工程序""ϕ90mm 圆柱加工程序""叶根圆精加工程序""包覆面精加工程序""锥度面与 NX 凸起字体加工程序""矩形型腔与椭圆凸台加工程序""弯管孔加工程序"的名称程序组。

6.4.1　创建叶轮粗加工程序

1. 加工顶部

1）鼠标右击"叶轮粗加工程序"程序组，在弹出的快捷菜单中，单击【插入】|【创建工序】 图标，弹出【创建工序】对话框，按图 6-16 所示设置，单击【确定】按钮，弹出如图 6-17 所示【型腔铣】对话框。

2）单击【指定部件】 图标，弹出如图 6-18 所示【部件几何体】对话框，选择整个部件作为几何体。

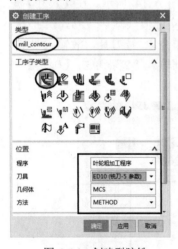

图 6-16　创建型腔铣

图 6-17　【型腔铣】对话框

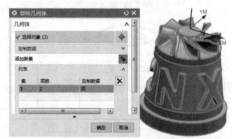

图 6-18　指定部件几何体

3）单击【指定毛坯】 图标，打开【毛坯几何体】对话框。选择创建好的实体作为毛坯。

4）在【型腔铣】对话框中，单击【指定切削区域】 图标，打开【切削区域】对话框。选择要加工的顶部面，如图 6-19 所示。

5）在【切削模式】中选择"跟随周边"，【公共每刀切削深度】选择"恒定"，【最大距离】中输入"1"，如图 6-17 所示。

6）单击【切削参数】 图标，弹出【切削参数】对话框。在【策略】｜【切削方向】中选择"顺铣"，【切削顺序】选择"层优先"，【刀路方向】选择"向内"，如图 6-20 所示。

7）单击【非切削移动】 图标，弹出【非切削移动】对话框。在【进刀】｜【封闭区域】｜【进刀类型】中选择"螺旋"，【斜坡角度】输入"1.5"，【高度】输入"0.5"，【开放区域】｜【进刀类型】选择"与封闭区域相同"，如图 6-21 所示。在【转移/快速】｜【区域内】｜【转移类型】中选择"直接"，其余采用默认，如图 6-22 所示。

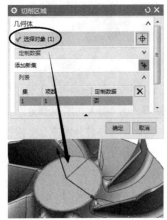
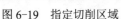

图 6-19　指定切削区域　　　　图 6-20　策略设置　　　　图 6-21　进刀参数设置

8）单击【进给率和速度】 图标，打开【进给率和速度】对话框。【输出模式】选择"RPM"，在【主轴速度】中输入"3500"，在【进给率】｜【切削】中输入"800"，单击【确定】按钮。

9）单击 生成图标，生成的刀具路径如图 6-23 所示。

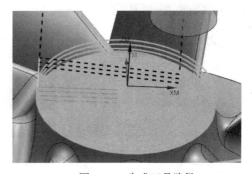

图 6-22　转移设置　　　　　　　　　　图 6-23　生成刀具路径

2. 粗加工包覆面

1）鼠标右击 "叶轮粗加工程序"程序组，在弹出的快捷菜单中，单击【插入】｜【创建工序】 图标，弹出【创建工序】对话框，按图 6-24 所示设置，单击【确定】按钮，弹出如图 6-25 所示【型腔铣】对话框。

2）单击工具栏【视图】｜【图层设置】，选中 102 图层，将 102 层设为可见。单击【指定部件】 图标，弹出如图 6-26 所示【部件几何体】对话框，选择绘制好的包覆面作为几何体。

图 6-24 创建型腔铣　　　　　图 6-25 【型腔铣】对话框　　　　图 6-26 部件几何体

3）单击工具栏【视图】|【图层设置】，选中 101 图层，将 101 层设为可见。单击【指定毛坯】🟦图标，打开【毛坯几何体】对话框。选择创建好的实体作为毛坯。

4）单击【指定切削区域】🟦图标，打开【切削区域】对话框。选择要加工的包覆面，如图 6-27 所示。

5）如图 6-25 所示，在【切削模式】中选择"跟随周边"，【公共每刀切削深度】选择"恒定"，【最大距离】中输入"1"。

6）单击【切削参数】🟦图标，弹出【切削参数】对话框，在【策略】|【切削方向】中选择"顺铣"，【切削顺序】选择"层优先"，【刀路方向】选择"向内"，如图 6-28 所示。单击【余量】选项卡，选中"使底面余量与侧面余量一致"，【部件侧面余量】输入"0.2"，其余默认，如图 6-29 所示，单击【确定】按钮。

图 6-27 指定切削区域　　　　　　　　　　　　　图 6-28 策略设置

7）单击【非切削移动】🟦图标，弹出【非切削移动】对话框。在【进刀】|【封闭区域】|【进刀类型】中选择"螺旋"，【斜坡角度】输入"1.5"，【高度】输入"0.5"，在【开放区域】|【进刀类型】中选择"与封闭区域相同"，如图 6-30 所示。在【转移/快速】|【区域内】|【转移类型】选择"直接"，其余采用默认，如图 6-31 所示。

8）单击【进给率和速度】🟦图标，打开【进给率和速度】对话框。【输出模式】选择"RPM"，在【主轴速度】中输入"3500"，在【进给率】|【切削】中输入"800"，单击【确定】按钮。

9）单击🟦生成图标，生成的刀具路径如图 6-32 所示。

图 6-29　余量设置

图 6-30　进刀参数设置

图 6-31　转移设置

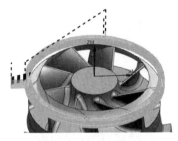

图 6-32　生成刀具路径

3. 粗加工叶轮

1）鼠标右击"叶轮粗加工程序"程序组，在弹出的快捷菜单中，单击【插入】|【创建工序】📄图标，弹出【创建工序】对话框。在【类型】中选择"mill_multi_blade"，【工序子类型】中选择"Impeller Rough（叶轮粗加工）" 🔧，【刀具】选择"ED6R3（铣刀-5 参数）"，【几何体】选择"MULTI_BLADE_GEOM"，【方法】和【名称】默认即可，如图 6-33 所示。单击【确定】按钮，弹出如图 6-34 所示【叶轮粗加工】对话框。

2）单击【驱动方法】|【叶片粗加工】 🔧图标，弹出如图 6-35 所示的【叶片粗加工驱动方法】对话框。【切削模式】选择"往复上升"，【步距】选择"恒定"，【最大距离】输入"3"，单击【确定】按钮。

图 6-33　创建工序

图 6-34　叶轮粗加工

图 6-35　驱动方法

3）单击【叶轮粗加工】对话框中的【切削层】▤图标，弹出如图6-36所示的【切削层】对话框。【每刀切削深度】选择"恒定"，【距离】输入"1"，单位选择"mm"，单击【确定】按钮。

4）单击【切削参数】🖾图标，弹出【切削参数】对话框。在【余量】|【叶片余量】中输入"0.2"，【轮毂余量】输入"0.2"，其余默认，如图6-37所示，单击【确定】按钮。

图6-36　切削层设置

图6-37　余量设置

5）单击【进给率和速度】🖫图标，打开【进给率和速度】对话框。【输出模式】选择"RPM"，在【主轴速度】中输入"3500"，在【进给率】|【切削】中输入"500"，单击【确定】按钮。

6）单击🖫生成图标，生成的刀具路径如图6-38所示。

7）变换/复制刀具路径。选中本节创建好的"粗加工叶轮"加工程序，单击鼠标右键，在快捷菜单中选择【对象】|【变换】，弹出【变换】对话框。【类型】选择"绕直线旋转"，【直线方法】选择"点和矢量"，【指定点】选择"圆心"，在【指定矢量】选项中选择对应的矢量，【角度】输入"45"，选中【复制】，【非关联副本数】输入"7"，如图6-39所示。单击【确定】按钮，得到变换的刀具路径，如图6-40所示。

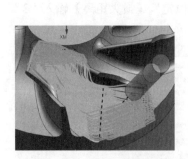

图6-38　生成刀具路径

图6-39　变换刀具路径

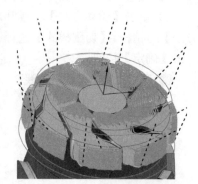

图6-40　变换得到刀具路径

6.4.2　创建轮毂精加工程序

1）鼠标右击"轮毂精加工程序"程序组，在弹出的快捷菜单中，单击【插入】|【创建工序】🖫图标，弹出【创建工序】对话框。在【类型】中选择"mill_multi_blade"，【工序子类型】中选择"Impeller Hub Finish（轮毂

6.4.2～6.4.5

精加工)"　，【刀具】选择"ED6R3（铣刀-5 参数)"，【几何体】选择"MULTI_BLADE_GEOM"，【方法】和【名称】默认即可，如图 6-41 所示，单击【确定】按钮，弹出如图 6-42 所示【轮毂精加工】对话框。

2）单击【驱动方法】|【轮毂精加工】　图标，弹出如图 6-43 所示的对话框。【切削模式】选择"往复上升"，【步距】选择"恒定"，【最大距离】输入"0.5"，单击【确定】按钮。

图 6-41　创建工序

图 6-42　轮毂精加工

图 6-43　驱动方法

3）【切削参数】和【非切削移动】采用默认即可。

4）单击【进给率和速度】　图标，打开【进给率和速度】对话框。【输出模式】选择"RPM"，在【主轴速度】中输入"3500"，在【进给率】|【切削】中输入"800"，单击【确定】按钮。

5）单击　生成图标，生成的刀具路径如图 6-44 所示。

6）变换/复制刀具路径。选中本节创建好的"轮毂精加工"加工程序，单击鼠标右键，在快捷菜单中选择【对象】|【变换】，弹出【变换】对话框，【类型】选择"绕直线旋转"，【直线方法】选择"点和矢量"，【指定点】选择"圆心"，在【指定矢量】选项中选择对应的矢量，【角度】输入"45"，选中【复制】，【非关联副本数】输入"7"，如图 6-45 所示，单击【确定】按钮，得到变换的刀具路径，如图 6-46 所示。

图 6-44　生成刀具路径

图 6-45　变换刀具路径

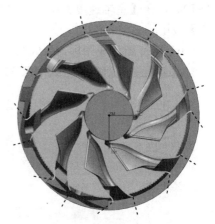
图 6-46　变换得到刀具路径

6.4.3 创建叶片精加工程序

1. 叶片精加工-方法 1

1）鼠标右击"叶片精加工程序"程序组，在弹出的快捷菜单中，单击【插入】|【创建工序】图标，弹出【创建工序】对话框。在【类型】中选择 mill_multi_blade，【工序子类型】中选择"Impeller Blade Finish（叶片精加工）"，【刀具】选择"ED6R3（铣刀-5 参数）"，【几何体】选择"MULTI_BLADE_GEOM"，【方法】和【名称】默认即可，如图 6-47 所示。单击【确定】按钮，弹出如图 6-48 所示的对话框。

2）单击【驱动方法】|【叶片精铣】图标，弹出如图 6-49 所示的对话框。在【要切削的面】中选择"左面、右面、前缘"，【切削模式】选择"单向"，单击【确定】按钮。

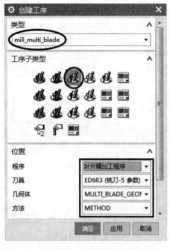

图 6-47　创建工序

图 6-48　叶片精加工

图 6-49　驱动方法

3）如图 6-48 所示，单击【切削层】图标，弹出如图 6-50 所示的对话框。在【每刀切削深度】中选择"恒定"，【距离】输入"0.5"，单位选择"mm"，【全局起始百分比】输入"1"（根据实际产生的刀具路径情况而定），单击【确定】按钮。

4）【切削参数】和【非切削移动】采用默认即可。

5）单击【进给率和速度】图标，打开【进给率和速度】对话框。【输出模式】选择"RPM"，在【主轴速度】中输入"3500"，在【进给率】|【切削】中输入"800"，单击【确定】按钮。

6）单击生成图标，生成的刀具路径如图 6-51 所示。

图 6-50　切削层设置

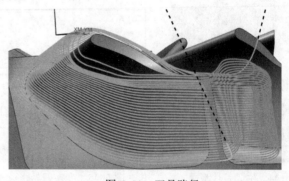

图 6-51　刀具路径

7）变换/复制刀具路径。选中本节创建好的"叶片精加工"加工程序，单击鼠标右键，在快捷菜单中选择【对象】|【变换】，弹出【变换】对话框。【类型】选择"绕直线旋转"，【直线方法】选择"点和矢量"，【指定点】选择"圆心"，在【指定矢量】选项中选择对应的矢量，【角度】输入"45"，选中【复制】，【非关联副本数】输入"7"，如图 6-52 所示，单击【确定】按钮，得到变换的刀具路径，如图 6-53 所示。

图 6-52　变换刀具路径

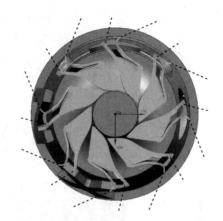

图 6-53　变换得到刀具路径

2. 叶片精加工-方法 2

在方法 1 中，使用的是叶轮模块编程方法，下面使用可变轮廓铣创建叶片精加工刀具路径。

1）鼠标右击"叶片精加工程序"程序组，在弹出的快捷菜单中，单击【插入】|【创建工序】图标，弹出【创建工序】对话框，按照如图 6-54 所示设置，单击【确定】按钮，弹出【可变轮廓铣】对话框，如图 6-55 所示。

图 6-54　创建工序

图 6-55　可变轮廓铣

2）在【驱动方法】|【方法】选择"流线"，单击图标弹出【流线驱动方法】对话框。单击【流曲线】|【选择曲线】，选择已经做好的曲线，如图 6-56 所示。单击【交叉曲线】|【选择曲线】，选择已经做好的曲线，如图 6-56 所示。

单击【切削方向】⬛图标，选择如图 6-57 所示的箭头方向，注意检查材料侧方向是否正确。在【修剪和延伸】选项组中，【起始步长%】输入 "-15"（反向延伸，防止第一刀过载切削），【结束步长%】输入 "92.1"（防止根部过切）。在【驱动设置】选项组中，【刀具位置】选择 "相切"，【切削模式】选择 "往复"，【步距】选择 "数量"，【步距数】输入 "45"，单击【确定】按钮，如图 6-58 所示。

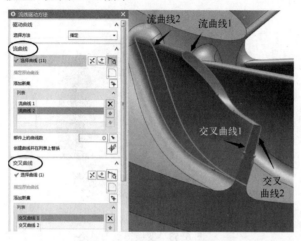

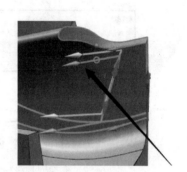

图 6-56　选择流曲线/交叉曲线　　　　　　　图 6-57　指定切削方向

3）在【刀轴】|【轴】中选择 "侧刃驱动体"，【指定侧刃方向】根据实际情况选择，【侧倾角】输入 "20"，如图 6-55 所示。

4）单击【切削参数】▱图标，弹出【切削参数】对话框。在【更多】|【切削步长】|【最大步长】中输入 "0.5"，单位选择 "mm"，如图 6-59 所示，单击【确定】按钮。

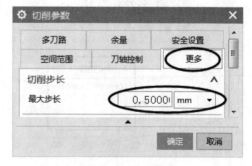

图 6-58　流线驱动　　　　　　　　　图 6-59　切削参数

5）单击【进给率和速度】⬛图标，打开【进给率和速度】对话框。【输出模式】选择 "RPM"，在【主轴速度】中输入 "3500"，在【进给率】|【切削】中输入 "500"，单击【确定】按钮。

6）单击⬛生成图标，生成的刀具路径如图 6-60 所示。

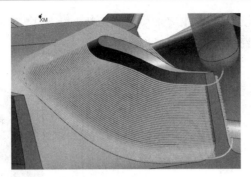

图 6-60　刀具路径

6.4.4　创建叶根圆精加工程序

1）鼠标右击"叶根圆精加工程序"程序组，在弹出的快捷菜单中，单击【插入】|【创建工序】图标，弹出【创建工序】对话框。在【类型】中选择"mill_multi_blade"，【工序子类型】中选择"Impeller Blend Finish（叶根圆精加工）"，【刀具】选择"ED6R3（铣刀-5 参数）"，【几何体】选择"MULTI_BLADE_GEOM"，【方法】和【名称】采用默认即可，如图 6-61所示。单击【确定】按钮，弹出如图 6-62 所示的对话框。

2）单击【驱动方法】|【圆角精铣】图标，弹出如图 6-63 所示的对话框。在【要切削的面】中选择"左面、右面、前缘"，【步距】选择"恒定"，【最大距离】输入"0.5"，【切削模式】选择"单向"，单击【确定】按钮。

图 6-61　创建工序

图 6-62　叶根圆精加工

图 6-63　驱动方法

3）【切削参数】和【非切削移动】采用默认即可。

4）单击【进给率和速度】图标，打开【进给率和速度】对话框。【输出模式】选择"RPM"，在【主轴速度】中输入"3500"，在【进给率】|【切削】中输入"800"，单击【确定】按钮。

5）单击生成图标，生成的刀具路径如图 6-64 所示。

6）变换/复制刀具路径。选中本节创建好的"叶根圆精加工"加工程序，单击鼠标右键，在快捷菜单中选择【对象】|【变换】，弹出【变换】对话框。【类型】选择"绕直线旋转"，【直线方法】选择"点和矢量"，【指定点】选择"圆心"，在【指定矢量】选项中选择对应的矢

量，【角度】输入"45"，选中【复制】，【非关联副本数】输入"7"，如图 6-65 所示，单击【确定】按钮，得到变换的刀具路径，如图 6-66 所示。

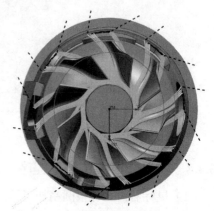

图 6-64　生成刀具路径　　　　图 6-65　变换刀具路径　　　　图 6-66　变换得到刀具路径

6.4.5　创建包覆面精加工程序

1）鼠标右击"包覆面精加工程序"程序组，在弹出的快捷菜单中，单击【插入】|【创建工序】图标，弹出【创建工序】对话框，选择"区域轮廓铣"，按如图 6-67 所示设置，单击【确定】按钮，弹出如图 6-68 所示【区域轮廓铣】对话框。

图 6-67　创建工序　　　　　　　　　图 6-68　区域轮廓铣

2）单击【指定切削区域】图标，弹出【切削区域】对话框。选择叶片上的包覆面，如图 6-69 所示。

3）在【区域轮廓铣】对话框的【驱动方法】|【方法】中选择"区域铣削"，弹出如图 6-70 所示的对话框。在【非陡峭切削模式】中选择"往复"，【切削方向】选择"顺铣"，【步距】选择"恒定"，【最大距离】输入"0.2"，【步距已应用】选择"在部件上"。

4）在【刀轴】|【轴】中选择"指定矢量"，在【指定矢量】选项中选择"视图方向"，如图 6-68 所示。

图 6-69　指定切削区域/指定矢量　　　　　　图 6-70　区域铣削驱动方法

注意: "视图方向"可以理解为"定轴"方向。选择"视图方向"前,先将零件视图摆好。

5)单击【进给率和速度】 🛎 图标,打开【进给率和速度】对话框。【输出模式】选择 "RPM",在【主轴速度】中输入"3500",在【进给率】|【切削】中输入"800"单击【确定】按钮。

6)单击 ╞ 生成图标,生成的刀具路径如图 6-71 所示。

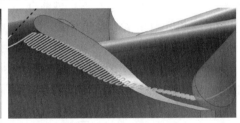

图 6-71　刀具路径

7)变换/复制刀具路径。选中本节创建好的"包覆面精加工"加工程序,单击鼠标右键, 在快捷菜单中选择【对象】|【变换】,弹出【变换】对话框。在【类型】中选择"绕直线旋转",【直线方法】选择"点和矢量",【指定点】选择"圆心",在【指定矢量】选项中选择对应的矢量,【角度】输入"45",选中【复制】,【非关联副本数】输入"7",如图 6-72 所示,单击【确定】按钮,得到变换的刀具路径,如图 6-73 所示。

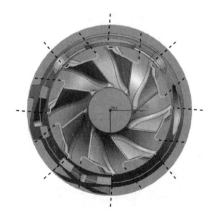

图 6-72　变换刀具路径　　　　　　　　图 6-73　变换得到刀具路径

6.4.6～6.4.7

6.4.6 创建 ϕ90mm 圆柱加工程序

1. 粗加工 ϕ90mm 圆柱面

1）单击工具栏【视图】|【图层设置】，将 103 图层设为可见，在建模里面做好辅助线（辅助线要将刀具半径考虑进去），如图 6-74 所示。

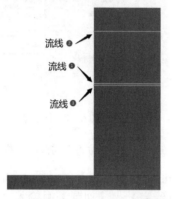

图 6-74 辅助线

2）鼠标右击"ϕ90mm 圆柱加工程序"程序组，在弹出的快捷菜单中，单击【插入】|【创建工序】图标，弹出【创建工序】对话框，按照如图 6-75 所示设置，单击【确定】按钮，弹出【可变轮廓铣】对话框，如图 6-76 所示。

3）单击【指定部件】图标，打开【部件几何体】对话框。选择ϕ90 圆柱面作为部件，如图 6-77 所示（注意：精加工，此步骤可以选择也可以省略）。

图 6-75 创建工序

图 6-76 可变轮廓铣

图 6-77 指定部件

4）如图 6-76 所示，在【驱动方法】|【方法】中选择"流线"，单击图标弹出【流线驱动方法】对话框。在【流曲线】|【选择曲线】中选择已经做好的曲线，如图 6-78 所示。

单击【切削方向】图标，选择如图 6-79 所示的箭头方向，注意检查材料侧方向是否正确。在【切削模式】中选择"往复"，【步距】选择"数量"，【步距数】输入"1"，单击【确定】按钮。

5）在【刀轴】|【轴】中选择"垂直于驱动体"，如图 6-76 所示。

6）单击【进给率和速度】图标，打开【进给率和速度】对话框。【输出模式】选择"RPM"，在【主轴速度】中输入"3500"，在【进给率】|【切削】中输入"500"，单击【确定】按钮。

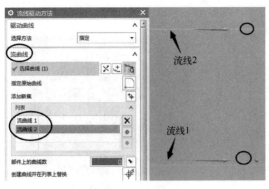

图 6-78　流线驱动

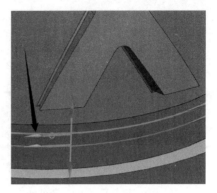

图 6-79　指定切削方向

7）单击 ![生成] 生成图标，生成的刀具路径如图 6-80 所示。

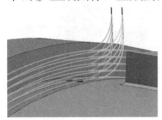 

图 6-80　刀具路径

2. 精加工 φ90mm 圆柱面

1）鼠标右击 "φ90mm 圆柱加工程序" 程序组，在弹出的快捷菜单中，单击【插入】|【创建工序】 ![图标]图标，弹出【创建工序】对话框，按照如图 6-81 所示设置，单击【确定】按钮，弹出【可变轮廓铣】对话框，如图 6-82 所示。

图 6-81　创建工序

图 6-82　可变轮廓铣

2）在【驱动方法】|【方法】中选择 "流线"，单击 ![图标]图标弹出【流线驱动方法】对话框。在【流曲线】|【选择曲线】中选择已经做好的曲线，如图 6-83 所示。单击【切削方向】 ![图标]图标，选择如图 6-84 所示的箭头方向，注意检查材料侧方向是否正确。在【切削模式】中选择 "往复"，【步距】选择 "数量"，【步距数】输入 "1"，单击【确定】按钮。

3）在【刀轴】|【轴】中选择 "垂直于驱动体"，如图 6-82 所示。

4）单击【进给率和速度】 ![图标]图标，打开【进给率和速度】对话框。【输出模式】选择 "RPM"，在【主轴速度】中输入 "3500"，在【进给率】|【切削】中输入 "500"，单击【确定】按钮。

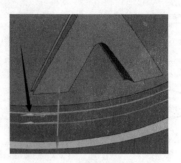

图 6-83　流线驱动　　　　　　　　　　　　图 6-84　指定切削方向

5）单击 ![生成图标]，生成的刀具路径如图 6-85 所示。

图 6-85　刀具路径

6.4.7　创建锥度面与 NX 凸起字体加工程序（含 CLSF 刀轨驱动）

1. 辅助程序输出 CLSF 刀位文件

1）单击工具栏【视图】|【图层设置】，将 106 图层设为可见，在建模里面做好辅助体，如图 6-86 所示。

2）鼠标右击"锥度面与 NX 凸起字体加工程序"程序组，在弹出的快捷菜单中，单击【插入】|【创建工序】![图标]图标，弹出【创建工序】对话框。选择"固定轮廓铣"，按如图 6-87 所示设置，单击【确定】按钮，弹出如图 6-88 所示【固定轮廓铣】对话框。

图 6-86　辅助体　　　　　　　　图 6-87　创建工序　　　　　　　图 6-88　固定轮廓铣

3）单击【指定部件】![图标]图标，打开【部件几何体】对话框。选择如图 6-86 所示的辅助体作为部件。

4）单击【指定切削区域】![图标]图标，打开【切削区域】对话框。选择锥度面作为切削区域，如图 6-89 所示。

5）在【固定轮廓铣】对话框的【驱动方法】|【方法】中选择"区域铣削"，弹出如图 6-90 所示的对话框。在【非陡峭切削模式】中选择"跟随周边"，【刀路方向】选择"向内"，【步距】选择"恒定"，【最大距离】输入"2.5"，【步距已应用】选择"在部件上"。

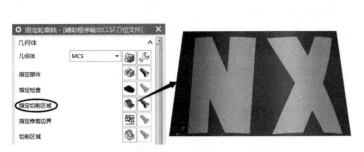

图 6-89　指定切削区域 　　　　　　　　　 图 6-90　域铣切削驱动方法

6）单击【进给率和速度】图标，打开【进给率和速度】对话框。【输出】选择"G1-进给模式"，【快速进给】输入"1"（注意：此值不与【进给率】|【切削】相同即可），在【更多】|【进刀】中选择"快速"，在【更多】|【退刀】中选择"快速"，单击【确定】按钮。

7）单击生成图标，生成的刀具路径如图 6-91 所示。

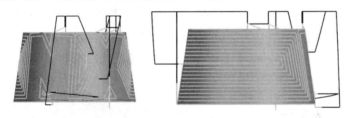

图 6-91　刀具路径

8）选中本小节创建好的"辅助程序输出 CLSF 刀位文件"，单击如图 6-92 所示工具栏上的【更多】|【输出 CLSF】，弹出如图 6-93 所示的对话框。选择"CLSF_STANDARD"，【文件名】根据实际情况存储（本例文件名为"第六章－NX 凸起字体"），单击【确定】按钮。

图 6-92　输出 CLSF 　　　　　　　　　　 图 6-93　CLSF 刀位文件输出

2. 粗加工锥度面上端

1）单击工具栏【视图】|【图层设置】，将 104 图层设为可见，在建模里面做好辅助线

（辅助线要将刀具半径考虑进去），如图 6-94 所示。

图 6-94　辅助线

2）鼠标右击"锥度面与 NX 凸起字体加工程序"程序组，在弹出的快捷菜单中，单击【插入】|【创建工序】 图标，弹出【创建工序】对话框，按照如图 6-95 所示设置，单击【确定】按钮，弹出【可变轮廓铣】对话框，如图 6-96 所示。

3）单击【指定部件】 图标，打开【部件几何体】对话框。选择锥度面作为部件，如图 6-97 所示。

图 6-95　创建工序

图 6-96　可变轮廓铣

图 6-97　指定部件

4）在【可变轮廓线】对话框的【驱动方法】|【方法】中选择"曲线/点"，单击 图标弹出【曲线/点驱动方法】对话框。在【驱动几何体】|【选择曲线】中选择已经做好的曲线，如图 6-98 所示，单击【确定】按钮。

图 6-98　选择曲线

5）在【投影矢量】|【矢量】中选择"朝向直线"，在【刀轴】|【轴】中选择"垂直于部件"，如图 6-96 所示。

6）单击【切削参数】 图标，弹出【切削参数】对话框。在【多刀路】|【部件余量偏置】中输入"5"，选中【多重深度切削】，【步进方法】选择"增量"，【增量】输入"1"，如图 6-99 所示。在【余量】|【部件余量】中输入"0.1"，如图 6-100 所示，单击【确定】按钮。

图 6-99　多刀路设置

图 6-100　余量设置

7）单击【进给率和速度】 图标，打开【进给率和速度】对话框。【输出模式】选择"RPM"，在【主轴速度】中输入"3500"，在【进给率】|【切削】中输入"500"，单击【确定】按钮。

8）单击 生成图标，生成的刀具路径如图 6-101 所示。

图 6-101　刀具路径

3. 粗加工锥度面-联动开粗

1）单击工具栏【视图】|【图层设置】，将 105 图层设为可见，在建模里面做好辅助面，如图 6-102 所示。

图 6-102　辅助面

2）鼠标右击"锥度面与 NX 凸起字体加工程序"程序组，在弹出的快捷菜单中，单击【插入】|【创建工序】 图标，弹出【创建工序】对话框，按照如图 6-103 所示设置，单击【确定】按钮，弹出【可变轮廓铣】对话框，如图 6-104 所示。

3）单击【指定部件】 图标，打开【部件几何体】对话框。选择如图 6-102 所示的辅助面作为部件。

4）在【可变轮廓铣】对话框的【驱动方法】|【方法】中选择"刀轨"，单击 图标，弹出如图 6-105 所示对话框，选择"1. 辅助程序输出 CLSF 刀位文件"输出的 CLSF 文件，单击【确定】按钮。

图 6-103　创建工序　　　　图 6-104　可变轮廓铣　　　　图 6-105　选择 CLSF 文件

5）在【投影矢量】|【矢量】中选择"朝向直线"，在【刀轴】|【轴】中选择"垂直于

部件"，如图 6-104 所示。

6）单击【切削参数】 ⚏ 图标，弹出【切削参数】对话框。在【多刀路】|【部件余量偏置】中输入"5"，选中【多重深度切削】，【步进方法】选择"增量"，【增量】输入"1"，如图 6-106 所示。在【余量】|【部件余量】中输入"0.1"，如图 6-107 所示，单击【确定】按钮。

图 6-106　多刀路设置　　　　　　　　　　图 6-107　余量设置

7）单击【非切削移动】 ⚏ 图标，弹出【非切削移动】对话框。在【进刀】|【进刀类型】中选择"插削"，【高度】输入"8"，单位选择"mm"，如图 6-108 所示。在【转移/快速】|【安全设置选项】中选择"圆柱"，【指定点】选择"圆心"，在【指定矢量】选项中选择"ZC"，【半径】输入"65"（此值根据需求设置），如图 6-109 所示，单击【确定】按钮。

图 6-108　进刀设置　　　　　　　　　　图 6-109　转移/快速设置

8）单击【进给率和速度】 ⚏ 图标，打开【进给率和速度】对话框。【输出模式】选择"RPM"，在【主轴速度】中输入"3500"，在【进给率】|【切削】中输入"500"，单击【确定】按钮。

9）单击 ⚏ 生成图标，生成的刀具路径如图 6-110 所示。

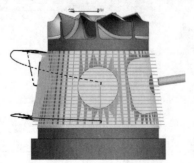

图 6-110　刀具路径

4. 精加工锥度面上端

1）单击工具栏【视图】|【图层设置】，将 104 图层设为可见，在建模里面做好辅助线（辅助线要将刀具半径考虑进去），如图 6-111 所示。

图 6-111　辅助线

2）鼠标右击"锥度面与 NX 凸起字体加工程序"程序组，在弹出的快捷菜单中，单击【插入】|【创建工序】 图标，弹出【创建工序】对话框，按照如图 6-112 所示设置，单击【确定】按钮，弹出【可变轮廓铣】对话框，如图 6-113 所示。

3）单击【指定部件】 图标，打开【部件几何体】对话框。选择锥度面作为部件，如图 6-114 所示。

图 6-112　创建工序　　　　图 6-113　可变轮廓铣　　　　图 6-114　指定部件

4）在【可变轮廓铣】对话框的【驱动方法】|【方法】中选择"曲线/点"，单击 图标弹出【曲线/点驱动方法】对话框，在【驱动几何体】|【选择曲线】中选择已经做好的曲线，如图 6-115 所示，单击【确定】按钮。

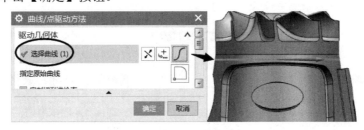

图 6-115　选择曲线

5）在【投影矢量】|【矢量】中选择"朝向直线"，在【刀轴】|【轴】中选择"垂直于部件"，如图 6-113 所示。

6）【切削参数】和【非切削移动】采用默认即可。

7）单击【进给率和速度】 图标，打开【进给率和速度】对话框。【输出模式】选择"RPM"，在【主轴速度】中输入"3500"，在【进给率】|【切削】中输入"800"，单击【确定】按钮。

8）单击 生成图标，生成的刀具路径如图 6-116 所示。

图 6-116　刀具路径

5．精加工锥度面-联动精加工

1）单击工具栏【视图】|【图层设置】，将 105 图层设为可见，在建模里面做好辅助面，如图 6-117 所示。

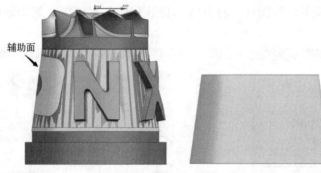

图 6-117　辅助面

2）鼠标右击"锥度面与 NX 凸起字体加工程序"程序组，在弹出的快捷菜单中，单击【插入】|【创建工序】图标，弹出【创建工序】对话框，按照如图 6-118 所示设置，单击【确定】按钮，弹出【可变轮廓铣】对话框，如图 6-119 所示。

3）单击【指定部件】图标，打开【部件几何体】对话框。选择如图 6-117 所示的辅助面作为部件。

4）在【可变轮廓铣】对话框的【驱动方法】|【方法】中选择"刀轨"，单击图标弹出如图 6-120 所示对话框。选择"1. 辅助程序输出 CLSF 刀位文件"输出的 CLSF 文件，单击【确定】按钮。

图 6-118　创建工序　　　图 6-119　可变轮廓铣　　　图 6-120　选择 CLSF 文件

5）在【投影矢量】|【矢量】中选择"朝向直线"，在【刀轴】|【轴】中选择"垂直于部件"，如图 6-119 所示。

6）单击【非切削移动】 📖 图标，弹出【非切削移动】对话框。在【进刀】|【进刀类型】中选择"插削"，【高度】输入"8"，单位选择"mm"，如图 6-121 所示。在【转移/快速】|【安全设置选项】中选择"圆柱"，【指定点】选择"圆心"，在【指定矢量】选项中选择"ZC"，【半径】输入"65"（此值根据需求设置），如图 6-122 所示，单击【确定】按钮。

图 6-121　进刀设置

图 6-122　转移/快速设置

7）单击【进给率和速度】 🐱 图标，打开【进给率和速度】对话框。【输出模式】选择"RPM"，在【主轴速度】中输入"3500"，在【进给率】|【切削】中输入"800"，单击【确定】按钮。

8）单击 📛 生成图标，生成的刀具路径如图 6-123 所示。

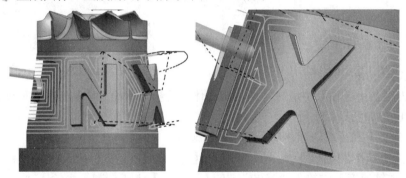

图 6-123　刀具路径

6. 精加工 N 凸起字体侧壁-方法 1

1）鼠标右击"锥度面与 NX 凸起字体加工程序"程序组，在弹出的快捷菜单中，单击【插入】|【创建工序】 📄 图标，弹出【创建工序】对话框，按照如图 6-124 所示设置，单击【确定】按钮，弹出【可变轮廓铣】对话框，如图 6-125 所示。

2）在【可变轮廓铣】对话框的【驱动方法】|【方法】中选择"曲面区域"，弹出【曲面区域驱动方法】对话框，如图 6-126 所示。单击【指定驱动几何体】，打开【驱动几何体】对话框。单击【选择对象】，选择"N"字侧壁，如图 6-127 所示。

单击【切削方向】 ➡️ 图标，选择如图 6-128 所示的箭头方向，注意检查材料侧方向是否正确。在【切削模式】中选择"往复"，【步距】选择"数量"，【步距数】输入"10"，如图 6-126 所示，单击【确定】按钮。

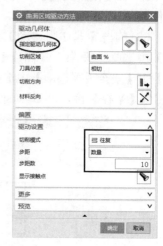

图 6-124　创建工序　　　　图 6-125　可变轮廓铣　　　　图 6-126　曲面区域驱动方法

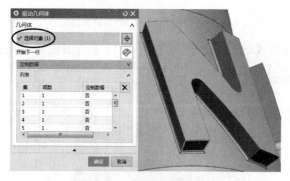

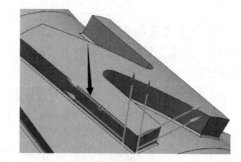

图 6-127　指定驱动几何体　　　　　　　　图 6-128　指定切削方向

3）在【刀轴】|【轴】中选择"侧刃驱动体"，【指定侧刃方向】根据实际情况选择，【侧倾角】输入"0"，如图 6-125 所示。

4）【切削参数】和【非切削移动】采用默认即可。

5）单击【进给率和速度】✦图标，打开【进给率和速度】对话框。【输出模式】选择"RPM"，在【主轴速度】中输入"3500"，在【进给率】|【切削】中输入"800"，单击【确定】按钮。

6）单击✔生成图标，生成的刀具路径如图 6-129 所示。

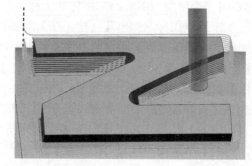

图 6-129　刀具路径

7．精加工 N 凸起字体侧壁-方法 2

1）单击工具栏【视图】|【图层设置】，将 110 图层设为可见，在建模里面做好辅助面，如图 6-130 所示。

2）鼠标右击"锥度面与 NX 凸起字体加工程序"程序组，在弹出的快捷菜单中，单击【插入】|【创建工序】图标，弹出【创建工序】对话框，按照如图 6-131 所示设置，单击【确定】按钮，弹出【可变轮廓铣】对话框，如图 6-132 所示。

图 6-130　辅助体

图 6-131　创建工序

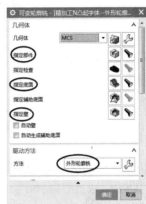

图 6-132　可变轮廓铣

3）单击【指定部件】图标，打开【部件几何体】对话框，选择整个实体零件。

4）单击【指定底面】图标，打开【底面几何体】对话框，选择图 6-130 所示的辅助体作为底面。

5）单击【指定壁】图标，打开【壁几何体】对话框，选择"N"字侧壁，如图 6-133 所示。

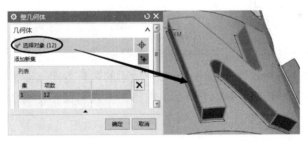

图 6-133　指定壁几何体

6）【切削参数】和【非切削移动】采用默认即可。

7）单击【进给率和速度】图标，打开【进给率和速度】对话框。【输出模式】选择"RPM"，在【主轴速度】中输入"3500"，在【进给率】|【切削】中输入"800"，单击【确定】按钮。

8）单击生成图标，生成的刀具路径如图 6-134 所示。

8．精加工 X 凸起字体侧壁

1）鼠标右击"锥度面与 NX 凸起字体加工程序"程序组，在弹出的快捷菜单中，单击【插入】|【创建工序】图标，弹出【创建工序】对话框，按照如图 6-135 所示设置，单击【确定】按钮，弹出【可变轮廓铣】对话框，如图 6-136 所示。

图 6-134　刀具路径

2）在【驱动方法】|【方法】中选择"曲面区域"，弹出【曲面区域驱动方法】对话框，如图 6-137 所示。单击【指定驱动几何体】，打开【驱动几何体】对话框，选择"X"字侧壁，如图 6-138 所示。

图 6-135　创建工序

图 6-136　可变轮廓铣

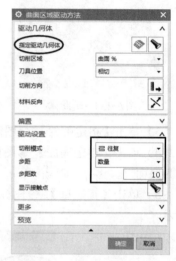

图 6-137　曲面区域驱动方法

单击【切削方向】图标，选择如图 6-139 所示的箭头方向，注意检查材料侧方向是否正确。在【切削模式】中选择"往复"，【步距】选择"数量"，【步距数】输入"10"，单击【确定】按钮。

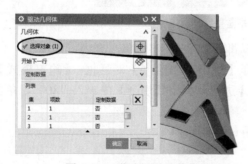

图 6-138　指定驱动几何体

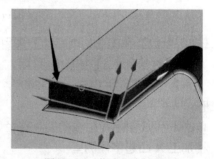

图 6-139　指定切削方向

3）在【刀轴】|【轴】中选择"侧刃驱动体"，【指定侧刃方向】根据实际情况选择，【侧倾角】输入"0"，如图 6-136 所示。

4）单击【进给率和速度】📌图标，打开【进给率和速度】对话框。【输出模式】选择"RPM"，在【主轴速度】中输入"3500"，在【进给率】|【切削】中输入"800"，单击【确定】按钮。

5）单击🏴生成图标，生成的刀具路径如图 6-140 所示。

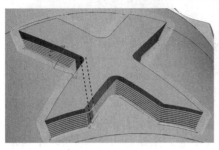
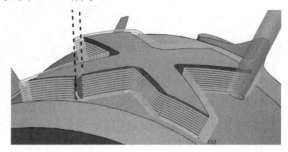

图 6-140　刀具路径

9．精加工 N 凸起字体根部

1）单击工具栏【视图】|【图层设置】，将 107 图层设为可见，在建模里面做好辅助线。

2）鼠标右击"锥度面与 NX 凸起字体加工程序"程序组，在弹出的快捷菜单中，单击【插入】|【创建工序】📏图标，弹出【创建工序】对话框，按照如图 6-141 所示设置，单击【确定】按钮，弹出【可变轮廓铣】对话框，如图 6-142 所示。

3）单击【指定部件】📦图标，打开【部件几何体】对话框，选择锥度面作为部件，如图 6-143 所示。

图 6-141　创建工序　　　　　图 6-142　可变轮廓铣　　　　　图 6-143　选择部件

4）在【可变轮廓铣】对话框的【驱动方法】|【方法】中选择"曲线/点"，弹出【曲线/点驱动方法】对话框。选择做好的辅助线，如图 6-144 所示，单击【确定】按钮。

5）在【刀轴】|【轴】中选择"垂直于部件"，如图 6-142 所示。

6）【切削参数】和【非切削移动】采用默认即可。

7）单击【进给率和速度】📌图标，打开【进给率和速度】对话框。【输出模式】选择"RPM"，在【主轴速度】中输入"3500"，在【进给率】|【切削】中输入"800"，单击【确定】按钮。

8）单击🏴生成图标，生成的刀具路径如图 6-145 所示。

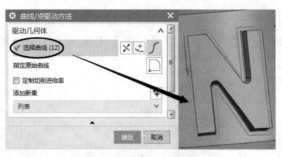

图 6-144　选择驱动曲线　　　　　　　　　　图 6-145　刀具路径

10. 精加工 X 凸起字体根部

1）单击工具栏【视图】|【图层设置】，将 107 图层设为可见，在建模里面做好辅助线。

2）鼠标右击"锥度面与 NX 凸起字体加工程序"程序组，在弹出的快捷菜单中，单击【插入】|【创建工序】 图标，弹出【创建工序】对话框，按照如图 6-146 所示设置，单击【确定】按钮，弹出【可变轮廓铣】对话框，如图 6-147 所示。

3）单击【指定部件】 图标，打开【部件几何体】对话框。选择锥度面作为部件，如图 6-148 所示。

图 6-146　创建工序　　　　　图 6-147　可变轮廓铣　　　　图 6-148　选择部件

4）在【可变轮廓铣】对话框的【驱动方法】|【方法】中选择"曲线/点"，弹出【曲线/点驱动方法】对话框。选择做好的辅助线，如图 6-149 所示，单击【确定】按钮。

5）在【刀轴】|【轴】中选择"垂直于部件"，如图 6-147 所示。

6）单击【进给率和速度】 图标，打开【进给率和速度】对话框。【输出模式】选择"RPM"，在【主轴速度】中输入"3500"，在【进给率】|【切削】中输入"800"，单击【确定】按钮。

7）单击 生成图标，生成的刀具路径如图 6-150 所示。

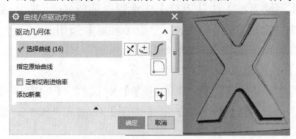

图 6-149　选择驱动曲线　　　　　　　　　　图 6-150　刀具路径

6.4.8

6.4.8　创建矩形型腔与椭圆凸台加工程序

1. 粗加工矩形型腔与椭圆凸台-联动开粗

1）单击工具栏【视图】|【图层设置】，将 108 层设为可见，在建模里面做好辅助线。

2）鼠标右击"矩形型腔与椭圆凸台加工程序"程序组，在弹出的快捷菜单中，单击【插入】|【创建工序】图标，弹出【创建工序】对话框，按照如图 6-151 所示设置，单击【确定】按钮，弹出【外形轮廓铣】对话框，如图 6-152 所示。

3）单击【指定部件】图标，打开【部件几何体】对话框。选择型腔底面作为部件，如图 6-153 所示。

图 6-151　创建工序　　　　　图 6-152　外形轮廓铣　　　　　图 6-153　选择部件

4）在【可变轮廓铣】对话框的【驱动方法】|【方法】中选择"曲线/点"，弹出【曲线/点驱动方法】对话框。选择做好的辅助线，如图 6-154 所示，单击【确定】按钮。

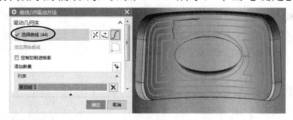

图 6-154　选择驱动曲线

5）在【刀轴】|【轴】中选择"垂直于部件"，如图 6-152 所示。

6）【切削参数】和【非切削移动】采用默认即可。

7）单击【进给率和速度】图标，打开【进给率和速度】对话框。【输出模式】选择"RPM"，在【主轴速度】中输入"3500"，在【进给率】|【切削】中输入"500"，单击【确定】按钮。

8）单击生成图标，生成的刀具路径如图 6-155 所示。

2. 精加工矩形型腔与椭圆凸台-联动精加工

1）鼠标右击"矩形型腔与椭圆凸台加工程序"程序组，在弹出的快捷菜单中，单击【插入】|【创建工序】图标，弹出【创建工序】对话框，按照如图 6-156 所示

图 6-155　刀具路径

设置，单击【确定】按钮，弹出【外形轮廓铣】对话框，如图 6-157 所示。

2）单击【指定部件】🔾图标，打开【部件几何体】对话框。选择型腔底面作为部件，如图 6-158 所示。

图 6-156　创建工序

图 6-157　外形轮廓铣

图 6-158　选择部件

3）在【可变轮廓铣】对话框的【驱动方法】|【方法】中选择"曲线/点"，弹出【曲线/点驱动方法】对话框，选择做好的辅助线，单击【确定】按钮，如图 6-159 所示。

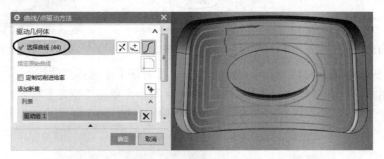

图 6-159　选择驱动曲线

4）在【刀轴】|【轴】中选择"垂直于部件"，如图 6-157 所示。

5）单击【进给率和速度】🖈图标，打开【进给率和速度】对话框。【输出模式】选择"RPM"，在【主轴速度】中输入"3500"，在【进给率】|【切削】中输入"800"，单击【确定】按钮。

6）单击📎生成图标，生成的刀具路径如图 6-160 所示。

3. 精加工矩形型腔侧壁

1）鼠标右击"矩形型腔与椭圆凸台加工程序"程序组，在弹出的快捷菜单中，单击【插入】|【创建工

图 6-160　刀具路径

序】📎图标，弹出【创建工序】对话框，按照如图 6-161 所示设置，单击【确定】按钮，弹出【外形轮廓铣】对话框，如图 6-162 所示。

2）单击【指定部件】🔾图标，打开【部件几何体】对话框，选择整个实体零件。

3）单击【指定底面】🔾图标，打开【底面几何体】对话框，选择型腔底面作为底面。

图 6-161 创建工序

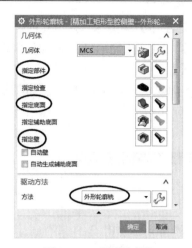

图 6-162 外形轮廓铣

4）单击【指定壁】 图标，打开【壁几何体】对话框，选择型腔侧壁，如图 6-163 所示。

图 6-163 指定壁几何体

5）单击【非切削移动】 图标，弹出【非切削移动】对话框。在【进刀】|【进刀类型】中选择"圆弧-垂直于刀轴"，【半径】输入"60"，如图 6-164 所示，单击【确定】按钮。

6）单击【进给率和速度】 图标，打开【进给率和速度】对话框。【输出模式】选择"RPM"，在【主轴速度】中输入"3500"；在【进给率】|【切削】中输入"800"，单击【确定】按钮。

7）单击 生成图标，生成的刀具路径如图 6-165 所示。

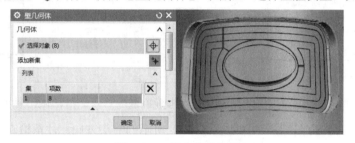

图 6-164 非切削移动设置　　　　图 6-165 刀具路径

同理，精加工椭圆凸台侧壁也可以使用此方法。

4. 精加工椭圆凸台侧壁

1）鼠标右击"矩形型腔与椭圆凸台加工程序"程序组，在弹出的快捷菜单中，单击【插

入】|【创建工序】 ![icon] 图标，弹出【创建工序】对话框，按照如图 6-166 所示设置，单击【确定】按钮，弹出【可变轮廓铣】对话框，如图 6-167 所示。

2）在【驱动方法】|【方法】中选择"曲面区域"，弹出【曲面区域驱动方法】对话框，如图 6-168 所示。单击【指定驱动几何体】，打开【驱动几何体】对话框，选择椭圆凸台侧壁，如图 6-169 所示。

图 6-166　创建工序

图 6-167　可变轮廓铣

图 6-168　曲面区域驱动方法

单击【切削方向】 ![icon] 图标，选择如图 6-170 所示的箭头方向，注意检查材料侧方向是否正确。【切削模式】选择"往复"，【步距】选择"数量"，【步距数】输入"0"，如图 6-168 所示，单击【确定】按钮。

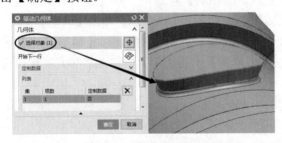

图 6-169　指定驱动几何体

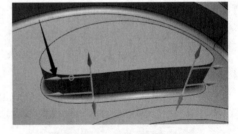

图 6-170　指定切削方向

3）在【投影矢量】|【矢量】中选择"朝向驱动体"或者"刀轴"，如图 6-167 所示。在【刀轴】|【轴】中选择"侧刃驱动体"，【指定侧刃方向】根据实际情况选择，【侧倾角】输入"0"，如图 6-167 所示。

4）单击【非切削移动】 ![icon] 图标，弹出【非切削移动】对话框，在【进刀】|【进刀类型】中选择"圆弧-垂直于刀轴"，【半径】输入"50"，如图 6-171 所示，单击【确定】按钮。

5）单击【进给率和速度】 ![icon] 图标，打开【进给率和速度】对话框。【输出模式】选择"RPM"，在【主轴速度】中输入"3500"，在【进给率】|【切削】中输入"800"，

图 6-171　进刀设置

单击【确定】按钮。

6）单击 生成图标，生成的刀具路径如图 6-172 所示。

图 6-172　刀具路径

同理，精加工矩形型腔侧壁也可以使用此方法。

5．精加工矩形型腔根部

1）单击工具栏【视图】|【图层设置】，将 112 图层设为可见，在建模里面做好辅助线。

2）鼠标右击"矩形型腔与椭圆凸台加工程序"程序组，在弹出的快捷菜单中，单击【插入】|【创建工序】 图标，弹出【创建工序】对话框，按照如图 6-173 所示设置，单击【确定】按钮，弹出【可变轮廓铣】对话框，如图 6-174 所示。

3）单击【指定部件】 图标，打开【部件几何体】对话框，选择型腔底作为面部件，如图 6-175 所示。

图 6-173　创建工序

图 6-174　可变轮廓铣

图 6-175　选择部件

4）在【可变轮廓铣】对话框的【驱动方法】|【方法】中选择"曲线/点"，弹出【曲线/点驱动方法】对话框，选择做好的辅助线，单击【确定】按钮，如图 6-176 所示。

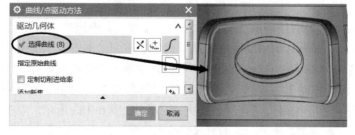

图 6-176　选择驱动曲线

5）在【刀轴】|【轴】中选择"垂直于部件"，如图 6-174 所示。

6）单击【非切削移动】图标，弹出【非切削移动】对话框。在【进刀】|【进刀类型】中选择"圆弧-垂直于刀轴"，【半径】输入"50"，如图 6-177 所示，单击【确定】按钮。

7）单击【进给率和速度】图标，打开【进给率和速度】对话框。【输出模式】选择"RPM"，在【主轴速度】中输入"3500"，在【进给率】|【切削】中输入"800"，单击【确定】按钮。

8）单击生成图标，生成的刀具路径如图 6-178 所示。

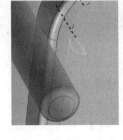

图 6-177　进刀设置　　　　　　　　　　　　　图 6-178　刀具路径

6. 精加工椭圆凸台根部

1）单击工具栏【视图】|【图层设置】，将 112 图层设为可见，在建模里面做好辅助线。

2）鼠标右击"矩形型腔与椭圆凸台加工程序"程序组，在弹出的快捷菜单中，单击【插入】|【创建工序】图标，弹出【创建工序】对话框，按照如图 6-179 所示设置，单击【确定】按钮，弹出【可变轮廓铣】对话框，如图 6-180 所示。

3）单击【指定部件】图标，打开【部件几何体】对话框，选择型腔底面作为部件，如图 6-181 所示。

图 6-179　创建工序　　　　图 6-180　可变轮廓铣　　　　图 6-181　选择部件

4）在【可变轮廓铣】对话框的【驱动方法】|【方法】中选择"曲线/点"，弹出【曲线/点驱动方法】对话框，选择做好的辅助线，单击【确定】按钮，如图 6-182 所示。

5）在【刀轴】|【轴】中选择"垂直于部件"，如图 6-180 所示。

6）单击【非切削移动】图标，弹出【非切削移动】对话框。在【进刀】|【进刀类型】中选择"圆弧-垂直于刀轴"，【半径】输入"50"，如图 6-183 所示，单击【确定】按钮。

7）单击【进给率和速度】图标，打开【进给率和速度】对话框。【输出模式】选择"RPM"，在【主轴速度】中输入"3500"，在【进给率】|【切削】中输入"800"，单击【确定】按钮。

8）单击生成图标，生成的刀具路径如图 6-184 所示。

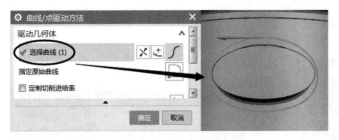

图 6-182　选择驱动曲线　　　　　　　　　图 6-183　进刀设置

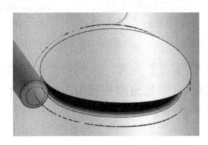

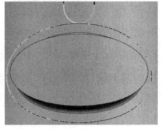

图 6-184　刀具路径

6.4.9　创建弯管孔加工程序

1．粗加工弯管孔

6.4.9

1）单击工具栏【视图】｜【图层设置】，将 109 图层设为可见，在建模里面做好辅助线。

2）鼠标右击"弯管孔加工程序"程序组，在弹出的快捷菜单中，单击【插入】｜【创建工序】图标，弹出【创建工序】对话框，按照如图 6-185 所示设置，单击【确定】按钮，弹出【Tube Rough】对话框，如图 6-186 所示。

图 6-185　创建工序

图 6-186　弯管加工

3）单击【指定部件】图标，打开【部件几何体】对话框，选择整个零件作为部件。

4）单击【指定切削区域】图标，打开【切削区域】对话框，选择弯管孔面，如图 6-187 所示。

5）单击【指定中心曲线】⊕图标，打开【曲线几何体】对话框，选择中心线，如图 6-188 所示。

图 6-187 指定切削区域　　　　　　　　　　　　　图 6-188 选择中心线

6）单击【Tube Rough】对话框中的【管粗加工】🔧图标，弹出如图 6-189 所示对话框。【边数】选择"入口"，【终点偏置%】输入"85"（此值根据实际情况而定），【切削模式】选择"自适应铣削"，【最大步距】输入"8"，【最小半径】输入"0.5"，【最大每刀切削深度】输入"1"，单击【确定】按钮。

7）单击【切削参数】⚏图标，弹出【切削参数】对话框。在【余量】|【部件余量】中输入"0.2"，如图 6-190 所示。

8）单击【进给率和速度】♣图标，打开【进给率和速度】对话框。【输出模式】选择"RPM"，在【主轴速度】中输入"3500"，在【进给率】|【切削】中输入"500"，单击【确定】按钮。

9）单击▶生成图标，生成的刀具路径如图 6-191 所示。

  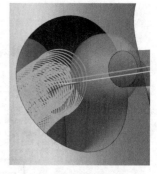

图 6-189 管粗加工　　　　　　图 6-190 余量设置　　　　　　图 6-191 刀具路径

2. 精加工弯管孔

1）鼠标右击"弯管孔加工程序"程序组，在弹出的快捷菜单中，单击【插入】|【创建工序】📽图标，弹出【创建工序】对话框，按照如图 6-192 所示设置，单击【确定】按钮，弹出【Tube Finish】对话框，如图 6-193 所示。

2）单击【指定部件】📦图标，打开【部件几何体】对话框，选择整个零件作为部件。

3）单击【指定切削区域】◆图标，打开【切削区域】对话框，选择弯管孔面，如图 6-194 所示。

图 6-192　创建工序

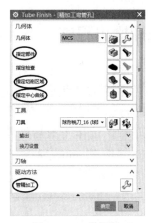

图 6-193　弯管加工

4）单击【指定中心曲线】 ⊕ 图标，打开【曲线几何体】对话框，选择中心线，如图 6-195 所示。

图 6-194　指定切削区域

图 6-195　选择中心线

5）单击【Tube Finish】对话框中的【管粗加工】 🔧 图标，弹出如图 6-196 所示对话框。【边数】选择"入口"，【终点偏置%】输入"85"（此值根据实际情况而定），【切削模式】选择"自适应铣削"，【最大步距】输入"8"，【最小半径】输入"0.5"，【最大每刀切削深度】输入"1"，单击【确定】按钮。

6）【切削参数】和【非切削移动】采用默认即可。

7）单击【进给率和速度】 🎢 图标，打开【进给率和速度】对话框。【输出模式】选择"RPM"，在【主轴速度】中输入"3500"，在【进给率】｜【切削】中输入"500"，单击【确定】按钮。

8）单击 ⊫ 生成图标，生成的刀具路径如图 6-197 所示。

图 6-196　管粗加工

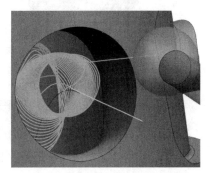

图 6-197　刀具路径

6.5 后处理输出程序

分别输出程序："叶轮粗加工程序""轮毂精加工程序""叶片精加工程序"" ϕ 90mm 圆柱加工程序""叶根圆精加工程序""包覆面精加工程序""锥度面与 NX 凸起字体加工程序""矩形型腔与椭圆凸台加工程序""弯管孔加工程序"。例如，鼠标右键单击"叶轮粗加工程序"，在弹出的快捷菜单中，选择【 后处理】，单击【浏览以查找后处器】图标，选择预先设置好的五轴加工中心后处理"Fanuc_5axis_AC"，【文件名】文本框中输入程序路径和名称，单击【确定】按钮，如图 6-198 所示。

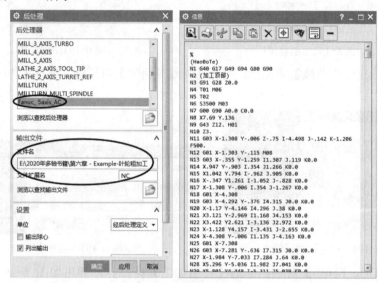

图 6-198 输出程序

6.6 Vericut 程序验证

将所有后置处理输出的程序，导入 Vericut 8.2.1 软件，仿真演示结果如图 6-199 所示。

图 6-199 仿真演示结果

第7章 构建五轴后处理

【教学目标】

知识目标:

了解五轴机床的各线性行程参数。

了解五轴机床的操作系统及 NC 程序的格式和要求。

掌握五轴机床的各功能代码指令。

掌握 UG NX 五轴后处理器的参数的设置方法。

能力目标: 能独立构建 Fanuc 系统五轴后处理器。

【教学重点与难点】

机床特定功能代码。

UG NX 后处理器的各项参数的设置方法。

【本章导读】

不同的软件有不同的后处理器,将刀位文件转换成能被机床识别的 NC 代码,这种将刀位文件转换成 NC 代码的"转换器",称之为后处理器。

本章节 Fanuc 控制系统的摇篮式五轴机床(不带 RTCP)为例,讲解制作 UG NX 五轴后处理全过程。

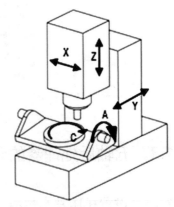

7.1～7.3.1

7.1 机床的基本参数

NX 12.0 后处理构造计算与 NX CAM 相结合,是数控加工中一个重要的环节,主要任务是把 NX CAM 软件生成的加工刀位文件转换成特定机床可接受的数控代码(NC)文件。

通常每台机器的控制系统不完全相同,不同控制系统所要求的 NC 程序格式也不一样。因此,用户可以通过修改后处理文件中的参数来满足机床控制系统的要求。

不同类型机床的基本参数各不相同,在构建后处理器时,要考虑机床在加工过程中刀具、工件、机床等运行安全因素,一定要清楚本机床 X、Y、Z 等线性轴的行程和 A、C 旋转轴的范围,机床的最高转速等基本参数。

本章以 Fanuc 控制系统的摇篮式五轴机床(图 7-1)为例,讲解制作后处理过程。

图 7-1 摇篮式五轴机床示意图

7.2 机床程序要求和格式

1．要求

1）控制系统：Fanuc。

2）在每一单条程序前加上相关的程序名称，便于机床操作员检查。

3）NC 程序自动换刀，输出刀具基本信息，便于机床操作员检查。

4）输出后处理程序日期。

5）在每一单条程序结尾处将机床主轴 Z 方向回零、程序选择性暂停，便于检查工件加工质量。

6）程序结束之前停止主轴、关闭切削液。

7）在程序结尾处输出加工时间，便于计算工时。

8）行程：X 轴 1300mm；Y 轴 1000mm；Z 轴 800mm；A 轴±110°；C 轴 0～360°。

2．格式

不同类型的机床和不同的操作系统，程序格式各不相同，主要表现在程序的开头和结尾部分。图 7-2 为本例需要构建的 Fanuc_5axis_AC 摇篮式后处理的格式。

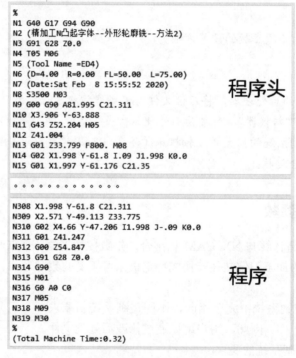

```
%
N1 G40 G17 G94 G90
N2 (精加工N凸起字体--外形轮廓铣--方法2)
N3 G91 G28 Z0.0
N4 T05 M06
N5 (Tool Name =ED4)
N6 (D=4.00  R=0.00  FL=50.00  L=75.00)        程序头
N7 (Date:Sat Feb  8 15:55:52 2020)
N8 S3500 M03
N9 G00 G90 A81.995 C21.311
N10 X3.906 Y-63.888
N11 G43 Z52.204 H05
N12 Z41.004
N13 G01 Z33.799 F800. M08
N14 G02 X1.998 Y-61.8 I.09 J1.998 K0.0
N15 G01 X1.997 Y-61.176 C21.35

○ ○ ○ ○ ○ ○ ○ ○ ○ ○ ○ ○ ○ ○ ○

N308 X1.998 Y-61.8 C21.311
N309 X2.571 Y-49.113 Z33.775
N310 G02 X4.66 Y-47.206 I1.998 J-.09 K0.0
N311 G01 Z41.247
N312 G00 Z54.847
N313 G91 G28 Z0.0
N314 G90                                        程序
N315 M01
N316 G0 A0 C0
N317 M05
N318 M09
N319 M30
%
(Total Machine Time:0.32)
```

图 7-2　程序格式

7.3　五轴后处理器的参数设置

7.3.1　设置机床基本参数

1）在 Windows 界面中，单击【开始】|【所有程序】|【Siemens NX 12.0】|【加

工】｜【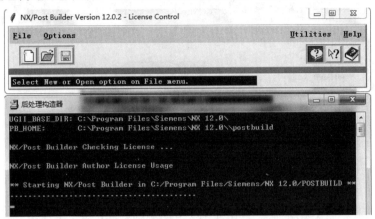后处理构造器】图标，进入后处理构造器界面，如图 7-3 所示。

图 7-3　后处理构造器界面

2）单击【Options】｜【Language】，选择"中文（简体）"。

3）单击【新建】图标，弹出【新建后处理器】对话框。在【后处理名称】文本框中输入"Fanuc_5axis_AC"。选中【主后处理】，【后处理输出单位】选择"毫米"，【机床】选择"铣"｜"5 轴带双转台"，【控制器】选择"库"，单击【▼】，在下拉列表中选择"fanuc_6m"，如图 7-4 所示，单击【确定】按钮。

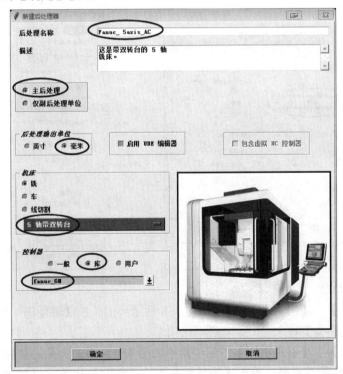

图 7-4　新建后处理器

4）单击【机床】｜【5 轴铣】｜【一般参数】，在【输出循环记录】中选择"是"，【线性轴行程限制】的"X、Y、Z"文本框中依次输入"1300、1000、800"，其余参数默认即可，如图 7-5 所示。

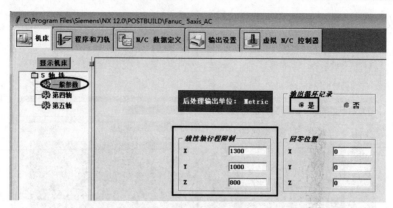

图 7-5　一般参数设置

5）单击【机床】│【第四轴】，弹出如图 7-6 所示的界面。

① 在【轴限制（度）】│【最大值】中输入"110"，【最小值】输入"-110"

② 单击【旋转轴】│【配置】按钮，弹出如图 7-7 所示【旋转轴配置】对话框。根据如图 7-1 所示机床示意图设置旋转轴：在【第 4 轴】│【旋转平面】中选择"YZ"，【文字引导符】输入"A"。在【第 5 轴】│【旋转平面】中选择"XY"，【文字引导符】输入"C"，其余默认，单击【确定】按钮。

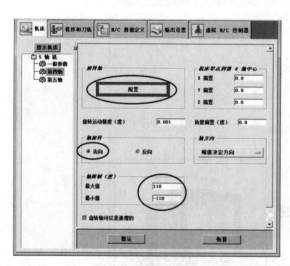

图 7-6　设置选择轴

图 7-7　旋转轴配置

6）单击【机床】│【第五轴】，弹出如图 7-8 所示界面。在【轴限制（度）】│【最大值】中输入"360"，【最小值】输入"0"，如图 7-8 所示。

7）单击【机床】│【显示机床】按钮，弹出如图 7-9 所示的界面。对比图 7-1 所示机床示意图，检查旋转方向是否正确（单击【轴旋转】下的【法向】和【反向】，可更改旋转方向）。检查行程 A 轴±110°，C 轴 0～360°是否正确。

8）启动 UG NX，选择任意一个程序，鼠标右击，在弹出的快捷菜单中选择【🔧后处理】，在【浏览以查找后处理器】中选择创建的后处理"Fanuc_5axis_AC"，转换成的 NC 程序如图 7-10 所示。

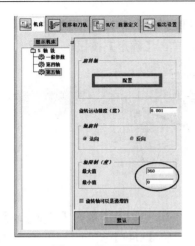

图 7-8　第五轴设置

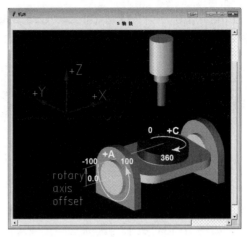

图 7-9　显示机床

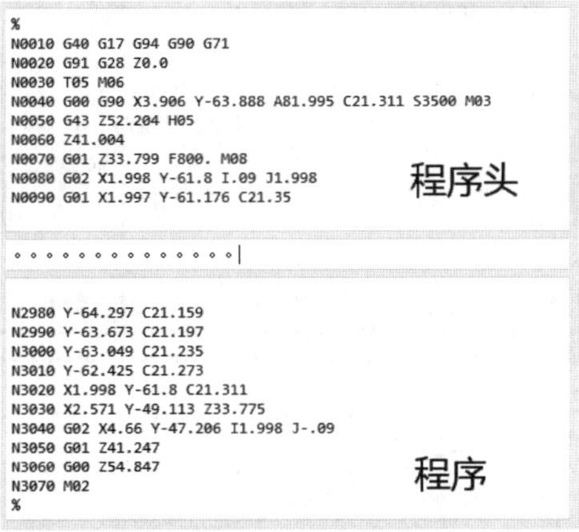

```
%
N0010 G40 G17 G94 G90 G71
N0020 G91 G28 Z0.0
N0030 T05 M06
N0040 G00 G90 X3.906 Y-63.888 A81.995 C21.311 S3500 M03
N0050 G43 Z52.204 H05
N0060 Z41.004
N0070 G01 Z33.799 F800. M08
N0080 G02 X1.998 Y-61.8 I.09 J1.998
N0090 G01 X1.997 Y-61.176 C21.35
```
程序头

```
N2980 Y-64.297 C21.159
N2990 Y-63.673 C21.197
N3000 Y-63.049 C21.235
N3010 Y-62.425 C21.273
N3020 X1.998 Y-61.8 C21.311
N3030 X2.571 Y-49.113 Z33.775
N3040 G02 X4.66 Y-47.206 I1.998 J-.09
N3050 G01 Z41.247
N3060 G00 Z54.847
N3070 M02
%
```
程序

图 7-10　后处理的 NC 程序

从以上 NC 程序段可看出，达不到预期的要求和格式，需更改相关设置。

7.3.2　程序起始序列设置

1. 删除 G71 和增加 G49/G80

（1）单击【程序和刀轨】|【程序】|【程序起始序列】，弹出【程序开始】对话框，如图 7-11 所示。

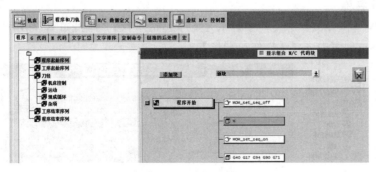

图 7-11　程序起始序列

2）单击【程序开始】｜ 🗂 **G40 G17 G90 G71** 按钮，弹出如图 7-12 所示的界面，选中"G71"并按住鼠标左键不放，拖入回收桶，如图 7-12 所示，单击【确定】按钮。

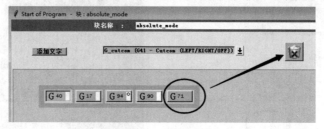

图 7-12　删除 G71

3）在如图 7-12 所示的界面中，单击【⬇】图标，在打开的下拉列表中选择【G_adjust】｜【G49】，如图 7-13a 所示。鼠标左键按住【添加文字】不放，将【G49】托到【G40 G17 G94 G90】处，松开鼠标，如图 7-13b 所示，单击【确定】按钮。

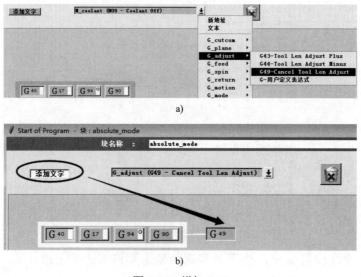

a)

b)

图 7-13　增加 G49

a) 选择 G49　b) 添加 G49

4）同理添加 G80。

7.3.3　工序起始序列设置

1. 输出程序名称

1）单击【程序和刀轨】｜【程序】｜【工序起始序列】，弹出如图 7-14 所示界面，单击【⬇】图标，在下拉列表中选择【操作员消息】。

图 7-14　选择【操作员消息】

2）如图 7-15 所示，鼠标左键按住【添加块】不放，将【操作员消息】拖到【刀轨开始】处，松开鼠标，弹出如图 7-16 所示界面，输入语句"$mom_operation_name"，单击【确定】按钮。

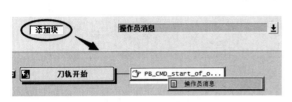

图 7-15　添加块

图 7-16　添加输出程序名字语句

2．添加刀具信息、编辑时间

1）单击【程序和刀轨】|【程序】|【工序起始序列】，弹出如图 7-17 所示界面，单击【↓】图标，在下拉列表中选择【定制命令】。

图 7-17　定制命令

2）如图 7-18 所示，鼠标左键按住【添加块】不放，将【定制命令】拖到【自动换刀】|【T M06】下面，松开鼠标，弹出如图 7-19 所示界面。输入语句：

```
global mom_tool_name
global mom_tool_diameter
global mom_tool_corner1_radius
global mom_tool_flute_length
global mom_tool_length
global mom_date
MOM_output_literal "(Tool Name =$mom_tool_name)"
MOM_output_literal [format "(D=%.2f   R=%.2f   FL=%.2f   L=%.2f)" $mom_tool_diameter $mom_tool_corner1_radius $mom_tool_flute_length $mom_tool_length]
MOM_output_literal "(Date:$mom_date)"
```

如图 7-19 所示，单击【确定】按钮。

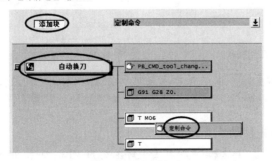

图 7-18　定制命令

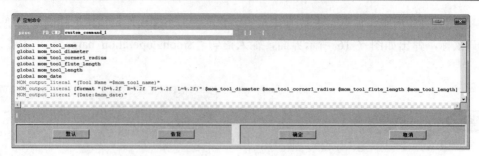

图 7-19　输入语句

7.3.4　初始移动设置

1. 添加启动主轴指令

1）单击【程序和刀轨】|【程序】|【工序起始序列】，弹出如图 7-20 所示界面，单击【↓】图标，在打开的下拉列表中选择【新块】，如图 7-20 所示。

图 7-20　选择新块

2）如图 7-21 所示，鼠标左键按住【添加块】不放，将【新块】拖到【初始移动】旁，松开鼠标，弹出如图 7-22 所示的界面。单击【↓】图标，在下拉列表中选择【M03-CLW】并且拖入块中；再次单击【↓】图标，在下拉列表中选择【S-Spindle Speed】并且拖入块中，如图 7-22 所示，单击【确定】按钮。

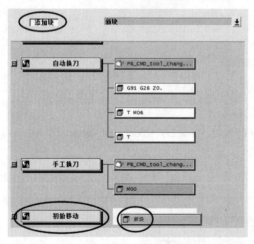

图 7-21　添加新块

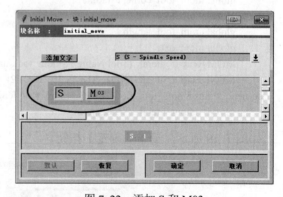

图 7-22　添加 S 和 M03

注意：此处添加启动主轴，提前开启主轴可防止主轴还没达到最高转速时，X/Y/Z 轴就开始移动，刀具和毛坯开始切削。

2. 设置 A 轴和 C 轴先移动

1）单击【程序和刀轨】|【程序】|【工序起始序列】，弹出如图 7-23 所示界面，单击【↓】图标，在下拉列表中选择【新块】。

图 7-23　选择新块

2）如图 7-24 所示，鼠标左键按住【添加块】不放，将【新块】拖到【S M03】下面，松开鼠标，弹出如图 7-25 所示的界面。①单击【↓】图标，在下拉列表中选择【G00】并且拖入块中；②单击【↓】图标，在下拉列表中选择【G90-Absolute Mode】并且拖入块中；③单击【↓】图标，在下拉列表中选择【A-4th Axis Angle】并且拖入块中；④单击【↓】图标，在下拉列表中选择【C-5th Axis Angle】并且拖入块中；如图 7-25 所示，单击【确定】按钮。

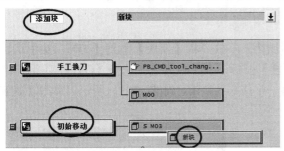

图 7-24　添加新块　　　　　　　　　　　图 7-25　添加 G00/G90/A/C

注意： 此处添加 G00/G90/A/C，目的是刀具还在 Z 轴最高点，先移动 A 轴和 C 轴，有利于观察程序是否正确并提高安全性。

7.3.5　第一次移动设置

1）鼠标右击【初始移动】|【S M03】，弹出如图 7-26 所示界面，在下拉列表中选择【复制为】|【引用的块】或者【新块】。

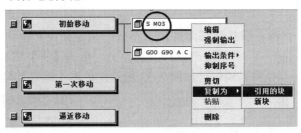

图 7-26　复制

2）鼠标右击【第一次移动】，弹出如图 7-27 所示界面，在下拉列表中选择【粘贴】|【之前】或者【之后】，得到结果如图 7-28 所示。

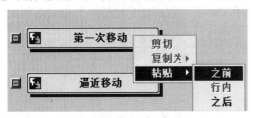
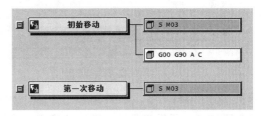

图 7-27　粘贴　　　　　　　　　　　　图 7-28　粘贴 S M03

3）同理将"G00/G90/A/C"【复制】并且【粘贴】在【第一次移动】|【S M03】下面。

7.3.6 工序结束序列设置

7.3.6～7.3.8

1. 添加 G91 G28 Z0

1）单击【程序和刀轨】|【程序】|【工序结束序列】按钮，弹出如图 7-29 所示界面，单击【↓】图标，在下拉列表中选择【新块】。

图 7-29　选择新块

2）如图 7-30 所示，鼠标左键按住【添加块】不放，将【新块】拖到【刀轨结束】旁，松开鼠标，弹出如图 7-31 所示的界面。单击【↓】图标，在下拉列表中选择【G91】，并且拖入块中；选择【G28】并且拖入块中；选择【Z0】，并且拖入块中，如图 7-31 所示，单击【确定】按钮。

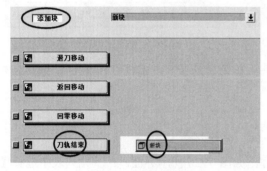

图 7-30　添加新块

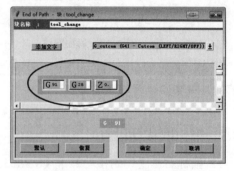

图 7-31　添加 G91/G28/Z0

2. 添加 G90

如图 7-32 所示，鼠标左键按住【添加块】不放，将【新块】拖到【刀轨结束】|【G91 G28 Z0】下面，松开鼠标，弹出如图 7-33 所示界面。单击【↓】图标，在下拉列表中选择【G90-Absolute Mode】，并且拖入块中，如图 7-33 所示，单击【确定】按钮。

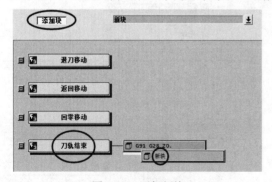

图 7-32　添加新块

图 7-33　添加 G90

3. 添加 M01

如图 7-34 所示，鼠标左键按住【添加块】不放，将【新块】拖到【刀轨结束】|【G90】

下面，松开鼠标，弹出如图 7-35 所示界面。单击【🔽】图标，在下拉列表中选择【M01】并且拖入块中，如图 7-35 所示，单击【确定】按钮。

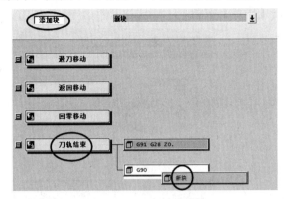

图 7-34　添加新块

图 7-35　添加 G90

7.3.7　程序结束序列设置

1）单击【程序和刀轨】|【程序】|【程序结束序列】按钮，弹出如图 7-36 所示界面，单击【🔽】图标，在下拉列表中选择【新块】。

图 7-36　选择新块

2）如图 7-37 所示，鼠标左键按住【添加块】不放，将【新块】拖到【程序结束】|【M02】上面，松开鼠标，弹出界面如图 7-38 所示。单击【🔽】图标，在下拉列表中选择【文本】并且拖入块中，弹出如图 7-39 所示界面，输入"G0 A0 C0"，单击【确定】按钮。

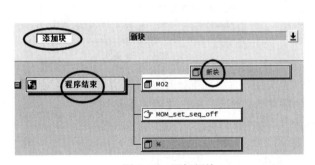

图 7-37　添加新块

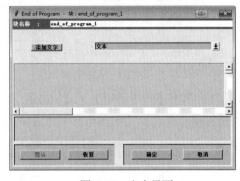

图 7-38　文本界面

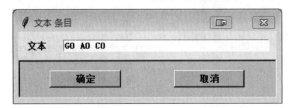

图 7-39　文本界面

3）如图 7-40 所示，鼠标左键按住【添加块】不放，将【新块】拖到【刀轨结束】|
【M02】上面，松开鼠标，弹出如图 7-41 所示界面，单击【±】图标，在下拉列表中选择
【M05】并且拖入块中，如图 7-41 所示，单击【确定】按钮。

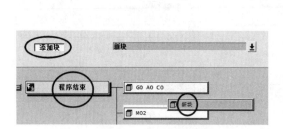

图 7-40　添加新块

图 7-41　文本界面

4）如图 7-42 所示，鼠标左键按住【添加块】不放，将【新块】拖到【刀轨结束】|
【M02】上面，松开鼠标，弹出如图 7-43 所示界面，单击【±】图标，在下拉列表中选择
【M09】并且拖入块中，如图 7-43 所示，单击【确定】按钮。

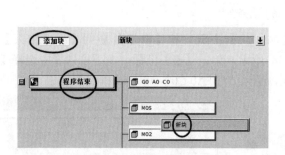

图 7-42　添加新块

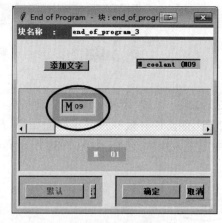

图 7-43　文本界面

5）单击【程序结束】|【M02】，弹出如图 7-44 所示界面，鼠标右击界面中的【M02】，
在快捷菜单中选择【更改单元】|【M30】，如图 7-44 所示，单击【确定】按钮。

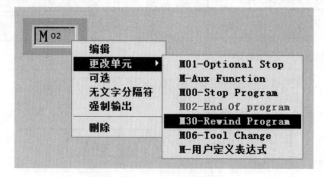

图 7-44　更改单元

6）单击【⤓】图标，在下拉列表中选择【定制命令】，如图 7-45 所示。

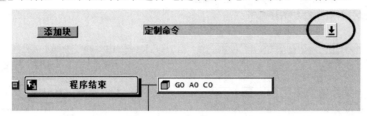

图 7-45　定制命令

7）如图 7-46 所示，鼠标左键按住【添加块】不放，将【定制命令】拖到【%】下面，松开鼠标，弹出如图 7-47 所示界面，输入语句：

```
global mom_machine_time
MOM_output_literal "(Total Machine Time:[format    "%.2f" $mom_machine_time min])"
```

如图 7-47 所示，单击【确定】按钮。

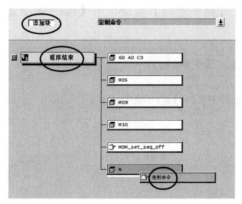

图 7-46　定制命令

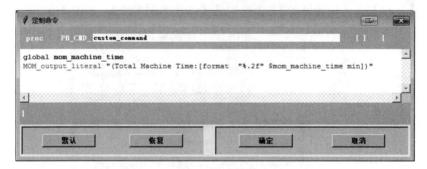

图 7-47　输入语句

7.3.8　其他设置

1）单击【程序和刀轨】|【文字汇总】，找到"N"（序列号字母），取消其【前导零】下的"√"，将其【整数】改成"8"，如图 7-48 所示。

2）单击【N/C 数据定义】|【其他数据单元】|【序列号】，将【序列号开始值】改成"1"，【序列号增量值】改成"1"，【序列号频率】改成"1"，【序列号最大值】改成"99999999"，如图 7-49 所示。

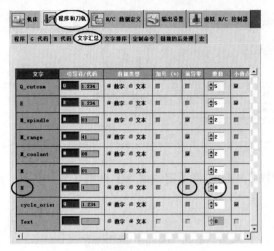
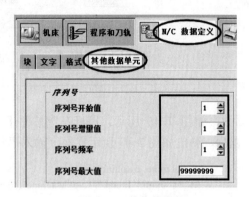

图 7-48　文字汇总　　　　　　　　　　　　　图 7-49　其他数据单元

3）单击【输出设置】|【其他选项】按钮，将【N/C 输出文件扩展名】改成"NC"，如图 7-50 所示。

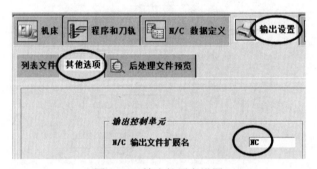

图 7-50　输出扩展名设置

4）单击【运动】|【快速移动】，去掉勾选【工作平面更改】，如图 7-51 所示。

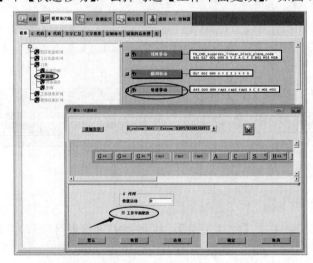

图 7-51　快速移动设置

5）五轴机床后处理器构建完成，单击【文件】|【保存】，保存文件。

第 8 章　Vericut 仿真加工

【教学目标】

知识目标：

掌握 Vericut 加工特性。

掌握 Vericut 机床设置。

掌握 Vericut 系统设置。

掌握 Vericut 参数设置。

掌握 Vericut 仿真过程使用操作。

掌握 Vericut 自动对比功能。

掌握 Vericut 切削优化设置。

能力目标： 能独立完成 Vericut 软件的各项参数设置，导入程序进行仿真加工，检验程序是否正确。

【教学重点与难点】

Vericut 数控车削/铣削夹具、毛坯、程序的导入与组建。

Vericut 数控车削/铣削刀具创建、坐标系设定。

Vericut 车削和铣削零件多工位的设置。

Vericut 自动对比功能、切削优化功能。

【本章导读】

根据零件的形状和加工特点以及需求来选择仿真的机床设备，再根据不同的机床设备（数控车铣复合机床 XZC/XYZC；五轴联动 XYZAC）设置不同的参数，并且本章涉及了多工位加工的参数设置步骤、自动对比功能、切削优化功能。详细介绍了创建 Vericut 车铣复合仿真操作、创建 Vericut 五轴仿真操作、多工位仿真操作、自动比较功能和切削优化功能。

8.1～8.2

8.1　Vericut 软件简介

当数控程序编制出来以后，往往还不能直接拿到机床上去加工，因为程序越复杂，出错的可能性就越大。虽然编程软件都可以直接观察刀轨的仿真过程，但其只能模拟刀具的运动，而加工过程是与整个机床的运动息息相关的，无法保证机床的每一步动作都是正确的，特别是刀具、各运动轴、夹具之间是不是存在碰撞或者存在超行程等问题。

所以，为了提高数控加工的安全性，在正式加工之前往往对加工过程进行试切，但这些方法费工费料，使生产成本上升，延长了生产周期。有的时候试切一次还不行，需要进行"试切→发现错误→修改错误→再试切→再发现错误→再修改错误"的反复。而且，即便是试切，仍然存在对机床造成损伤的可能。

为解决此问题，NC 校验软件 Vericut 应运而生。NC 校验软件可使编程人员在计算机上模拟整个数控机床的切削环境，而不必在实际的机床上运行。使用此软件可节省编程时间并使数控机床空闲下来专门做零件的切削加工工作，提高效率的同时还节省了大量人力物力，而且极大地避免了损坏零件甚至损坏机床的可能。

Vericut 由美国 CGTECH 公司开发，可运行于 Windows 及 UNIX 平台的计算机上，具有强大的三维仿真、验证、优化等功能。它可以真实地模拟数控机床的切削环境，用户可以直观地看到整个加工过程，并能对数控程序进行优化处理。

Vericut 软件由 NC 程序验证模块、机床运动仿真模块、优化路径模块、多轴模块、高级机床特征模块、实体比较模块和 CAD/CAM 接口等模块组成。可仿真数控车床、铣床、加工中心、线切割机床和多轴机床等多种加工设备的数控加工过程，也能进行 NC 程序优化，缩短加工时间、延长刀具寿命、改进表面质量，检查过切、欠切，防止机床碰撞、超行程等错误；具有真实的三维实体显示效果，可以对切削模型进行尺寸测量，并能保存切削模型供检验、后续工序切削加工；具有 CAD/CAM 接口，能实现与 UG_NX、CATIA 及 MasterCAM 等软件的嵌套运行。Vericut 软件目前已广泛应用于航空航天、汽车、模具制造等行业，其最大特点是可仿真各种 CNC 系统，既能仿真刀位文件，又能仿真 CAD/CAM 后置处理的 NC 程序，其整个仿真过程包含程序验证、分析、机床仿真、优化和模型输出等。包括从设计原型→CAM 软件编程→Vericut→切削模型→模型输出的整个机床仿真工艺流程。

Vericut 软件特点及优势如下：

1）Vericut 是基于实体的、基于特征的并记录历史的仿真，所以通过 Vericut 生成的具有历史和特征的切削模型，可以方便、准确、快速地分析尺寸，检测错误。而一般软件不是基于特征的实体仿真，模拟后的这些加工特征已经丢失，其缺点是切削模拟精度不高，模型数据量大，模拟速度不高，会越来越慢，分析测量模型不方便。

2）Vericut 仿真是和实际生产完全匹配的，是对整个生产流程的模拟。一个零件的生产，从毛坯到粗加工到半精加工再到精加工，切削模型可以在不同机床、不同系统、不同夹具中自动转移。一般软件只是简单的单工位模拟，不支持零件整个生产流程的模拟，零件翻面或换机床模拟操作不方便。

3）Vericut 在程序模拟之前（预览程序），模拟过程中或模拟结束三个阶段都可以分析检测各种错误，包括：过切、碰撞、超程、旋转方向、极限切削参数（最大切削深度、最大切削宽度、最大切削速度、最大切削转速、最大材料去除率等）等。而且程序窗口、图像窗口和错误信息栏窗口三个窗口相互关联，分析定位错误直接、直观。

4）Vericut 检查分析过切有曲面和实体两种方式，而且可以直接定位到特定程序、特定程序行发生的过切，这样更方便、更直观。

5）模型输出。Vericut 在模拟切削过程的任何阶段，都可以将具体加工特征（孔、槽、凸台、腹板、筋等）的切削模型输出，以不同的数据标准格式保存，如 Step、IGS、ACIS、CATIA V5 等格式。Vericut 是基于特征的模拟，可以输出具有加工特征的模型供后续操作。其用途包括：第一，与 CAM 软件结合，实现真正的基于过程模型的驱动编程；第二，利用过程切削模型，可以方便地在 CAD 软件中生成过程工艺检验测量草图；第三，可以将旧的程序转化为具有特征的实体模型，给设计或优化工艺使用。

6）Vericut 可以产生丰富的工艺报告，如过程测量报告，结合具有特征的过程切削模型（其他模拟软件工具不具有），分析测量，生成带有 3D 图片的表格检测报告。Vericut 还可以生成数控车间各个环节需要的三维草图和报表，为车间无图样生产提供完美的数据和文档。

7）Vericut 有友好的配置指令界面窗口。用户可以根据自己对机床的需求，方便地、自由地配置机床和系统的高级功能（特殊的 G 代码和 M 代码）和特性。Vericut 产品可以构建和模拟任何复杂的机床，可以自由地根据机床和控制系统配置任何复杂的指令，以满足用户需求。

8）Vericut 模拟精度高，性能稳定，速度稳定。Vericut 有 FastMill 模式，可以大大提高三轴和固定轴（3+2）铣削速度；Vericut 有 OpenGL 显示模式，可以大大提高图像操作速度。

9）Vericut 可以优化刀具长度，并可设定安全间隙距离。无论是三轴程序还是多轴程序，Vericut 根据当前毛坯几何，结合使用的夹具、刀具刀柄计算并优化刀具长度，会将短的刀具拉长，长的刀具缩短，最后以报告列表的形式将每一把刀具优化长度列出。这样可以解决刀具长度使用不当，产生碰撞（刀具太短）或零件表面质量差（刀具太长，加工中颤刀）的问题。

10）Vericut 可以优化进给速度，根据模拟生成过程切削模型和所使用的刀具及每步走刀轨迹，计算每步程序的切削量，并在余量大的程序行降低速度，余量小的程序行提高速度，进而修改程序，插入新的进给速度，最终创建更安全、更高效的数控程序。

11）Vericut 可以模拟任何软件生成的程序（机床直接使用的 G 代码或刀轨 APT 程序），也可以模拟手写程序，并可以模拟实际机床和控制系统子程序，因此模拟就更加和实际加工统一了。

12）Vericut 可以模拟各种切削方式，除了一般的机械加工（车、铣、镗、钻、磨）外，还可以模拟拉削、插齿、滚齿，支持零件主轴与刀具主轴之间同时转动的切削方式，还可以模拟机器人加工（钻铆）、数控铆接等。

13）Vericut 模拟支持各种类型的刀具，包括成形刀或 3D STEP 模型刀具。而一般软件都不支持此关键技术。

14）Vericut 模拟生产的切削模型可以被操作，如剖面，重新定位，输出 STP 模型格式后再进行修改等。

8.2　创建车铣复合 Vericut 仿真操作

8.2.1　调用系统中的机床模型

1）双击图标 V 打开 Vericut 8.2.1 软件，单击【打开项目】|【案例】|【fanuc】，调用控制系统，如图 8-1 所示。

2）再次双击【Fanuc】，弹出的界面如图 8-2 所示。选择 "fanuc_g71_stock_removal_turning.vcproject" 项目，弹出界面如图 8-3 所示。

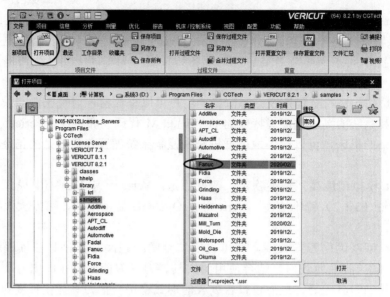

图 8-1 打开项目

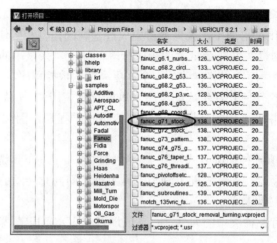

图 8-2 选择项目

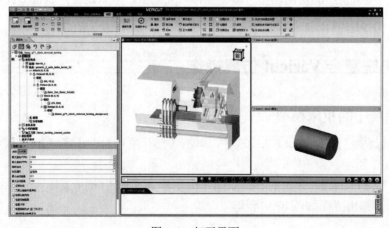

图 8-3 打开界面

3）移除项目树里的①②③④⑤点信息，如图 8-4 所示。

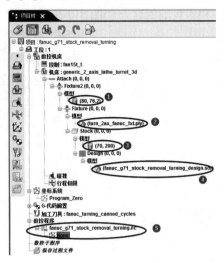

图 8-4　移除信息

8.2.2　添加夹具

1）如图 8-5 所示，鼠标右击【fixture（0，0，0）】，在快捷菜单中选择【添加模型】｜【模型文件】，弹出如图 8-6 所示的界面，选择绘制（保存）好的"卡盘"和"三爪"（stl 格式），单击【打开】按钮。

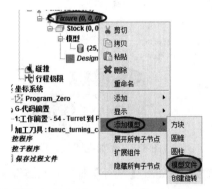

图 8-5　添加模型文件

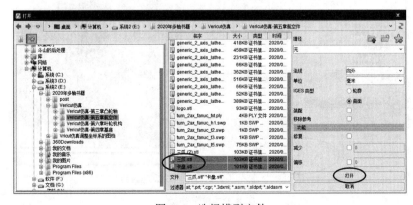

图 8-6　选择模型文件

2）选中"三爪"和"卡盘"，在配置模型界面中选择【移动】,【到 🖊】输入"0，0，100"，单击"向后"，完成三爪和卡盘的组建，如图 8-7 所示。

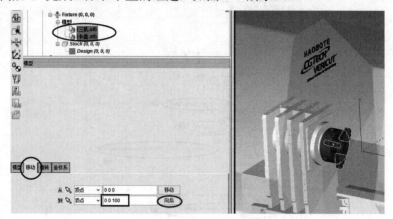

图 8-7　配置三爪和卡盘

8.2.3　添加毛坯

1）鼠标右击【stock(0，0，0)】，在快捷菜单中选择【添加模型】|【圆柱】，如图 8-8 所示。

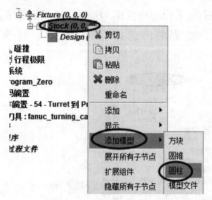

图 8-8　添加毛坯

2）在【模型】|【高】中输入"158",【半径】输入"52.5"，如图 8-9 所示。

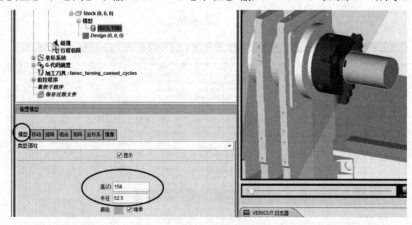

图 8-9　设置参数

3）在【配置模型】|【移动】|【位置】中输入"0，0，-23"，如图 8-10 所示，按下〈Enter〉键。

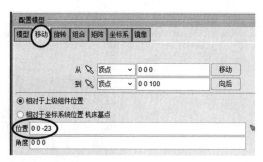

图 8-10　移动毛坯

8.2.4　设置坐标系和 G 代码偏置

1）鼠标右击 Program_Zero，在快捷菜单中选择【显示】，单击【配置坐标系统】|【CSYS】|【位置】（颜色变黄），用鼠标拾取圆柱的端面中心处（编程原点建立在端面中心处），如图 8-11 所示。

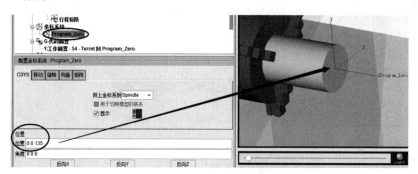

图 8-11　设置坐标系

2）单击【工作偏置】，【子系统名】选择"1"，【偏置】选择"工作偏置"，【寄存器】输入"54"（编程时的机床坐标系 G54/G55/G56/G57 等），【从】选择"组件"，【名字】选择"Turret"，【到】选择"坐标原点"，【名字】选择"Program_Zero"如图 8-12 所示。

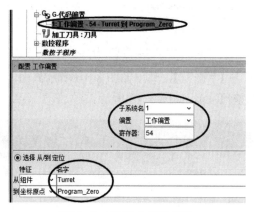

图 8-12　设置 G 代码偏置

8.2.5 设置刀具

1）双击  **加工刀具**：fanuc_turning_canned_cycles 图标，弹出如图 8-13 所示的界面。

8.2.5-车刀的设置

8.2.5-铣刀的设置

图 8-13 刀具设置

2）设置添加加工需要的刀具：① ϕ60mm 麻花钻；②外圆车刀；③镗孔刀；④外槽切刀；⑤外圆螺纹刀；⑥ED6 平底刀；⑦ED6R1 圆鼻刀；⑧R3 球头刀；⑨ED4 平底刀；⑩端面铣刀 6mm，如图 8-14 所示。本小节以创建初始主轴在 X 轴方向的 6 号刀具为例说明。

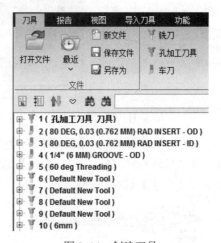

图 8-14 创建刀具

① 如图 8-15 所示，单击【铣刀】，弹出如图 8-16 所示界面。将【刀具】与【刀柄】拖放在同一目录下（利于调整尺寸），如图 8-17 所示。

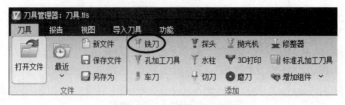

图 8-15 创建 6 号刀具

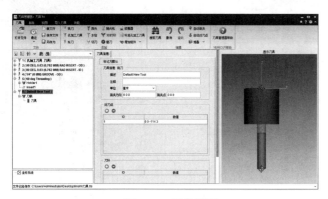

图 8-16　刀具界面　　　　　　　　　　　　　　图 8-17　拖放刀具

② 单击【█ 刀具】|【刀具组件】|【旋转型刀具】，弹出相关界面，根据图 8-18 所示设置参数。在【组合】|【移动】|【位置】中输入"0，0，0"如图 8-19 所示。

③ 在【▼ 刀柄】|【组合】|【移动】|【位置】中输入"0，0，100"，如图 8-20 所示。

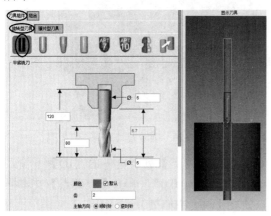

图 8-18　刀具参数　　　　　图 8-19　刀具组合　　　　　图 8-20　刀柄组合

④ 如图 8-21 所示，单击【增加组件】的下拉箭头，在菜单中选择【增加刀柄】，弹出相关界面，单击【刀具组件】|【方块】图标，分别输入"80、80、80"，选中【不要跟着主轴旋转】，如图 8-22 所示。

图 8-21　增加刀柄

在【组合】|【移动】|【位置】中输入"-40 -40 -140"，如图 8-23 所示，按〈Enter〉键，得到如图 8-24 所示【刀柄 1】示意图（同理可以添加"圆柱螺母"，以下不再重复）。

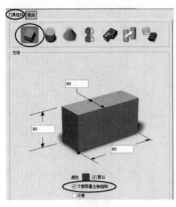
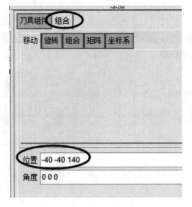

图 8-22　刀柄参数设置　　　　　　　图 8-23　组合　　　　　　　图 8-24　刀柄示意图

⑤ 再次单击【　刀柄】|【组合】|【旋转】|【增量】，输入"90"，单击"Y+"按钮，得到旋转之后的刀柄（主轴在 X 轴方向，如是 Z 方向无需旋转），如图 8-25 所示。同理旋转刀具，如图 8-26 所示。

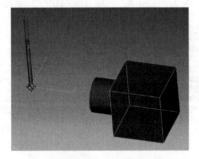
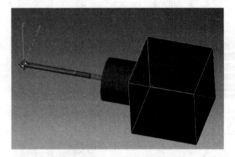

图 8-25　旋转刀柄　　　　　　　　　　图 8-26　旋转刀具

⑥ 如图 8-27 所示，单击 6 号　刀具信息图标，在【对刀点】列表框中的【ID】下输入"6"（注意：对刀点 ID 一定要与刀具号相同），【数值】输入"000"。单击【装夹点】文本框（颜色变黄），用鼠标拾取方块的端面中心处（装夹点建立在端面中心处）。

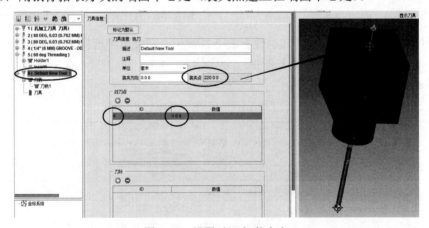

图 8-27　设置对刀点/装夹点

⑦ 接着设置数控车刀或者铣刀的刀具位置。单击工具栏中【功能】|【刀塔设置】，在弹出的界面中，单击【刀具 ID】的下拉符号，设置刀具的位置，如图 8-28 所示。

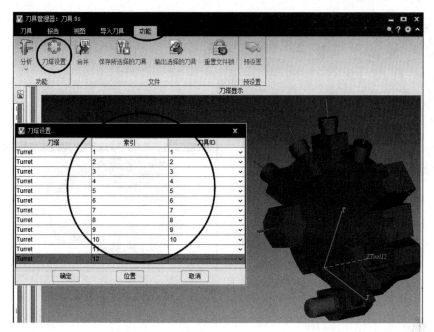

图 8-28　刀塔设置

8.2.6～8.2.9

8.2.6　导入数控加工程序

如图 8-29 所示，鼠标右击【数控程序】，在快捷菜单中选择【添加数控程序文件】，弹出相关窗口，选择本次需要加工的程序，单击【确定】按钮，如图 8-30 所示。

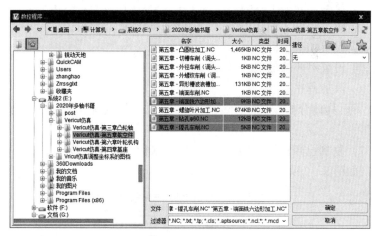

图 8-29　添加数控程序文件　　　　　　　　　图 8-30　选择加工程序

8.2.7　仿真结果

Vericut 可用于检测机床控制器在指令上的冲突，避免机床碰撞。Vericut 可以建构模拟 NC 机床和控制器，由于有着相同功能驱动，所以在计算机上模拟的机床传动会与工厂的机床传动完全一样。Vericut 这项功能是 UG_NX 无法比拟的，UG 仿真无法检查碰撞机床的问题。工位 1 仿真结果如图 8-31 所示。

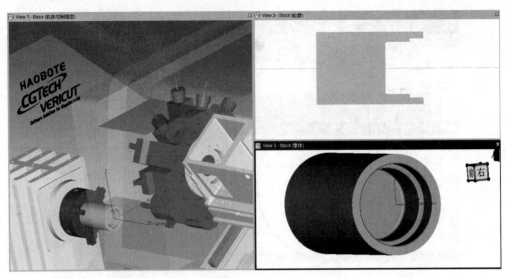

图 8-31　工位 1 仿真结果

8.2.8　Vericut 多工位的运用

许多零件需要进行调头加工或者是多工序加工，甚至是换机床再进行加工。如某些零件在数控车床上加工完后还需要用三轴、四轴、五轴数控机床进行再加工。第 5 章中的车铣复合航空件就需要进行多工位的加工，涉及调头以及加工坐标系的设置等问题。

多工位加工（简单）设置步骤如下。

① 设置好"工位 1"，单击【开始】按钮进行加工。

② 复制已经加工好的"工位 1"，粘贴并且命名为"工位 2"。

③ 对"工位 2"的"stock"（毛坯）进行配置组件。

④ 设置加工坐标系。

⑤ 设置对应的加工刀具。

⑥ 添加程序。

下面具体分析车铣复合航空件"工位 2"的加工设置，按照上述的设置步骤进行深入的学习。

1）复制已经加工好的"工位 1"。鼠标右击【工位 1】，在快捷菜单中选择【拷贝】（即复制），如图 8-32 所示。

图 8-32　复制工位

2）粘贴后得到"工位 2"，接着对"stock（0，0，0）"（毛坯）进行配置组件。对"工位 1"已经加工的零件进行调头设置，单击【stock（0，0，0）】，在【旋转】|【增量】中输入

"180"，单击旋转轴"+X"轴，在【位置】中输入"0，0，130"，得到结果如图 8-33 所示。

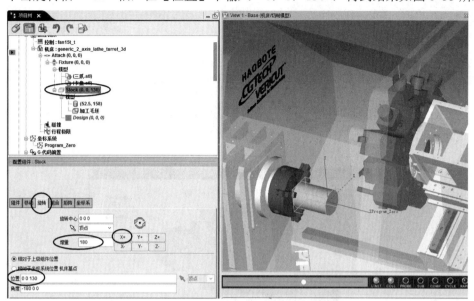

图 8-33 零件调头设置

3）调头后涉及三爪卡盘大小的改变，接着设置调换或者调整三爪。鼠标右键单击【Fixture（0，0，0）】，在快捷菜单中选择【添加模型】|【模型文件】，选择"三爪（2）"文件，如图 8-34 示。

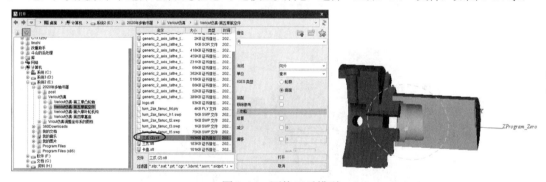

图 8-34 更换三爪模型

4）在项目树中单击【Program_Zero】|【CSYS】|【位置】，将鼠标放在毛坯表面中心上即可拾取到中心点，在毛坯的端面中心上设立工件坐标系，如图 8-35 所示。

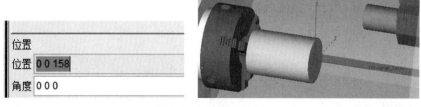

图 8-35 设置坐标系

5）鼠标右击【数控程序】，在快捷菜单中选择【添加数控程序文件】，弹出相关窗口，选择本次需要加工的程序，单击【确定】按钮。

6）工位 2 仿真结果如图 8-36 所示，工位 3 仿真结果如图 8-37 所示。

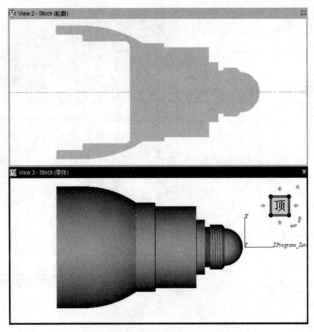

图 8-36　工位 2 仿真结果

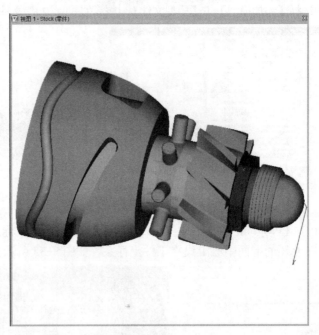

图 8-37　工位 3 仿真结果

8.2.9　保存项目文件

1）单击菜单命令栏【文件】|【另存为】，弹出【另存项目为...】对话框。找到保存项目的文件夹，在【文件】文本框中输入项目名称"车铣复合航空件"，单击【保存】按钮，如图 8-38 所示。

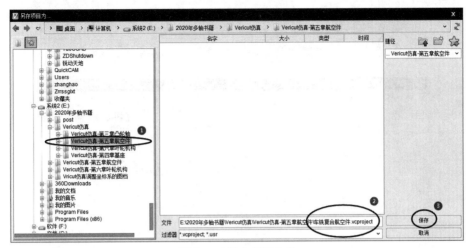

图 8-38　保存项目文件

2）单击菜单命令栏【文件】|【文件汇总】，弹出【文件汇总】界面。点击 图标，弹出【复制文件到...】对话框，找到保存项目的文件夹，单击【确定】按钮，如图 8-39 所示。

图 8-39　文件汇总

8.3　创建五轴 Vericut 基本操作

8.3.1　调用系统中的机床模型

1）双击图标 打开 Vericut 8.2.1 软件。单击【打开项目】|【案例】|【fanuc】，调用控制系统，如图 8-40 所示。

2）再次双击【Fanuc】，弹出如图 8-41 所示界面。选择第一项"doosan_vc630_5ax.vcproject"，弹出如图 8-42 所示界面。

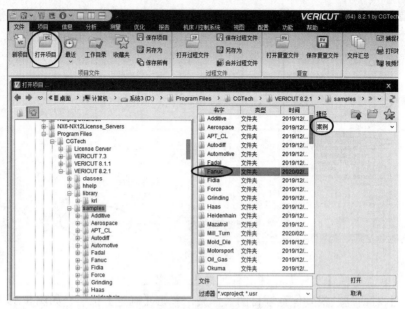

图 8-40　打开项目

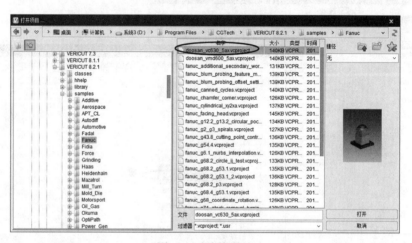

图 8-41　选择项目

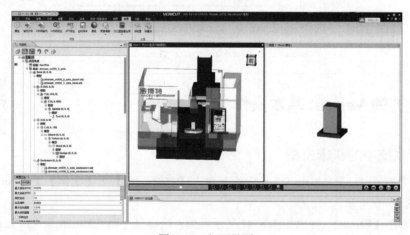

图 8-42　打开界面

3）移除项目树里的①②③④⑤点信息，如图 8-43 所示。

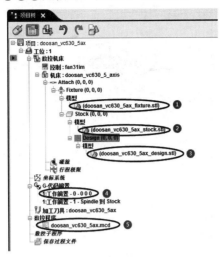

图 8-43　移除信息

8.3.2　添加夹具

1）如图 8-44 所示，鼠标右击【fixture（0，0，0）】，在快捷菜单中选择【添加模型】｜【模型文件】，弹出如图 8-45 所示的界面。选择绘制（保存）好的"卡盘"和"三爪"（stl 格式），单击【打开】按钮。

图 8-44　添加模型文件

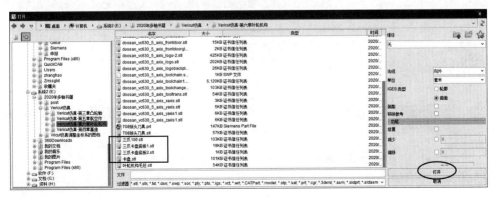

图 8-45　选择模型文件

2）选中调入的夹具，在配置模型界面中选择【移动】|【到 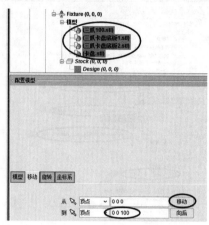】，输入"0，0，100"，单击"移动"，如图 8-46 所示。

图 8-46　移动夹具

8.3.3　添加毛坯

1）鼠标右击【stock(0，0，0)】，在快捷菜单中选择【添加模型】|【模型文件】，如图 8-47 所示。弹出相应界面，选择绘制好的模型文件"叶轮机构毛坯"，单击【打开】按钮，如图 8-48 所示

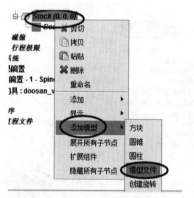

图 8-47　添加毛坯

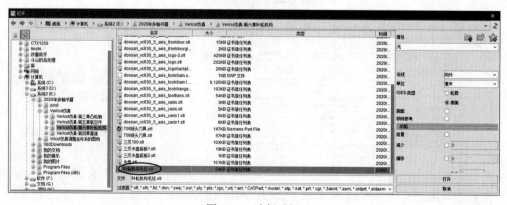

图 8-48　选择毛坯

2）在【配置模型】|【移动】|【位置】中输入"0 0 300"，如图 8-49 所示，按〈Enter〉键。

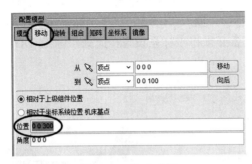

图 8-49　移动毛坯

8.3.4　添加产品模型

1）鼠标右击【Design（0，0，0）】，在快捷菜单中选择【添加模型】|【模型文件】，如图 8-50 所示。弹出相应界面，选择绘制好的模型文件"产品模型"，单击【打开】按钮，如图 8-51 所示。

注意： 使用自动比较，必须添加产品模型。

图 8-50　添加模型文件

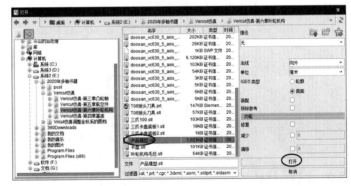

图 8-51　打开模型文件

2）在【配置模型】|【移动】|【位置】中输入"0 0 300"，如图 8-52 所示。按〈Enter〉键。

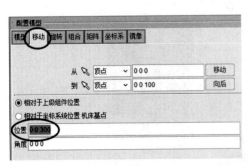

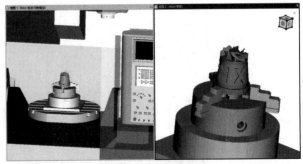

图 8-52　移动毛坯

8.3.5 设置坐标系和 G 代码偏置

1）鼠标右击 Program_Zero，在快捷菜单中选择 显示，在【配置坐标系统】|【CSYS1】下鼠标单击【位置】（颜色变黄），输入"0 0 50"，将坐标系建立在 A 轴和 C 轴旋转中心的焦点上（注意：不带 RTCP 的设备必须将坐标系设置在此处，因为 UG_CAM 编程坐标系也要对应此坐标系），如图 8-53 所示。

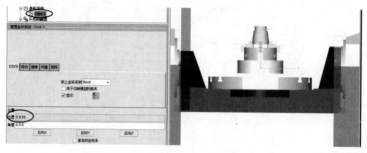

图 8-53　设置坐标系

2）在项目树中单击【工作偏置】，【子系统名】选择"1"，【偏置】选择"工作偏置"，【寄存器】输入"54"（编程时的机床坐标系 G54/G55/G56/G57 等），【从】选择"组件"，【名字】选择"Spindle"，【到】选择"坐标原点"，【名字】选择"Csys1"，如图 8-54 所示。

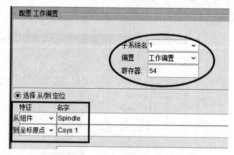

图 8-54　设置 G 代码偏置

8.3.6～8.3.7

8.3.6 设置刀具

1）双击 加工刀具：doosan_vc630_5ax 图标，弹出如图 8-55 所示的界面。

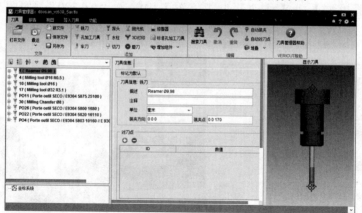

图 8-55　刀具设置

2）设置添加加工需要的刀具①ED10 平底刀；②ED6R3 球头刀；③ED6 平底刀；④ED4R2 球头刀；⑤ED4 平底刀；⑥ED4R0.5 圆鼻刀；⑦ED6R1 圆鼻刀；⑧球形铣刀 $\phi16$，如图 8-56 所示。

本节以创建 8 号刀具为例说明。

1）如图 8-57 所示，单击【　铣刀】，弹出如图 8-58 所示界面。将【　刀具】与【　刀柄】拖放在同一目录下（有利于调整尺寸），如图 8-59 所示。

图 8-56　创建刀具　　　　　　　　　　图 8-57　创建 8 号刀具

2）删除 8 号刀具的刀柄，复制 7 号刀具刀柄，粘贴在 8 号刀具中。

3）导入 UG 建模绘制好的刀具。图 8-60 所示为 UG 创建的刀具。单击【　刀具】|【刀具组件】|【旋转型刀具】|【模型文件】，弹出相应界面，单击　找到创建好的刀具文件，如图 8-61 所示。单击【打开】按钮即可导入刀具，如图 8-62 所示。

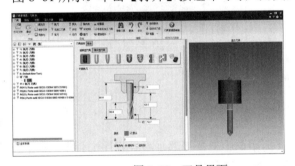

图 8-58　刀具界面　　　　　图 8-59　拖放刀具　图 8-60　UG 创建的刀具

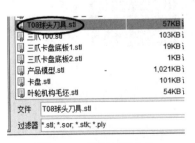

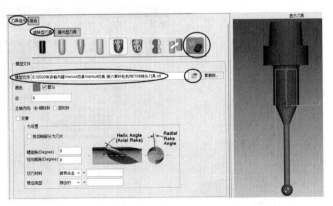

图 8-61　选择刀具文件　　　　　　　图 8-62　导入刀具文件

4）在【刀具组件】|【组合】|【移动】|【位置】中输入"008"如图 8-63 所示。

5）单击【 ﾃ 刀柄】|【组合】|【移动】|【位置】，输入"0 0 150"，如图 8-64 所示。

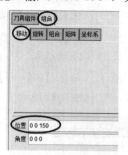

图 8-63　刀具位置　　　　　　　　　　　　　图 8-64　刀柄位置

6）如图 8-65 所示，单击 8 号 ﾃ 刀具信息图标，【对刀点】列表框中【ID】输入"8"（注意：对刀点 ID 一定要与刀具号相同），【数值】输入"0 0 0"，单击【装夹点】文本框（颜色变黄），用鼠标拾取圆柱的端面中心处（装夹点建立在端面中心处）。

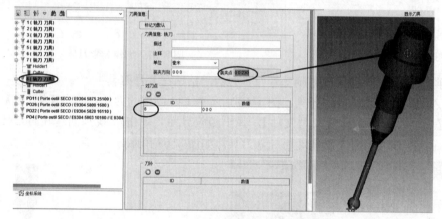

图 8-65　设置对刀点/装夹点

8.3.7　导入数控加工程序

如图 8-66 所示，鼠标右击【数控程序】，在快捷菜单中选择【添加数控程序文件】，弹出相应窗口，选择本次需要加工的程序，单击【确定】按钮，如图 8-67 所示。

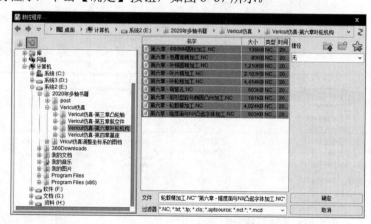

图 8-66　添加数控程序文件　　　　　　　　　　图 8-67　选择加工程序

8.3.8　仿真结果

仿真结果如图 8-68 所示。

图 8-68　仿真结果

保存项目文件，见 8.2.9 相关内容。

8.3.8～8.5

8.4　Vericut 自动比较功能的运用

Vericut 软件通过不同的颜色可以直观地看到过切和残余部分，比较精度能够自定义；能够自动形成比较结果，编程人员可以方便地知道应该修改哪里；提供精确的过切或残留量的数值报告；对于大型零件，能够提供某个特定区域的自动比较。

1）鼠标右击【Design（0，0，300）】，在快捷菜单中选择【显示】|【双视图】，如图 8-69 所示。

2）在工具栏单击【分析】|【自动比较】，弹出如图 8-70 所示自动比较界面。单击【设定】|【过切】和【残留】，可以根据需求设定数值，本例输入"0.03"（单位默认 mm）。

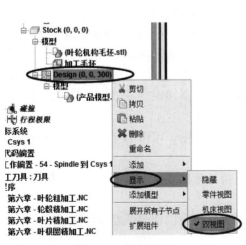

图 8-69　显示 Design

图 8-70　自动比较界面

3）单击【比较】按钮，Vericut 软件自动分析并显示"过切"或"残留"的加工结果，如图 8-71 所示。

图 8-71   自动比较结果

8.5   Vericut 切削优化功能的运用

8.5.1   切削优化原理

Vericut 优化可以模拟生成过程切削模型，根据当前所使用的刀具及每步走刀轨迹，计算每步程序的切削量，再和切削参数经验值或刀具厂商推荐的刀具切削参数进行比较。经过分析，当余量大时，Vericut 就降低速度；余量小时，就提高速度，进而修改程序，插入新的进给速度，最终创建更安全、更高效的数控程序。

8.5.2   切削优化方法

（1）仅空刀方法   空刀切削运动设置到空刀进给，毛坯切削运动进给不变。

（2）切削厚度方法   当切削条件改变时，进给改变以保证指定的切削厚度保持恒定。

（3）恒定体积方法   基于刀具接触面积，进给改变以保持恒定的体积去除率。

（4）切削厚度和体积组合方法   进给改变以保持恒定的切削厚度或者恒定的体积去除率，取两者产生的较小进给。

（5）曲面速度方法   主轴转速改变以保持在最大刀具接触直径处恒定的曲面速度。进给改变以保持新主轴转速下恒定的每齿进给。

（6）表格方法   深度表用于控制不同切削深度的进给，可选的宽度表用于改变不同切削宽度的进给。

（7）切削厚度和力组合方法   进给改变以保持指定的切削厚度或力极限，取两者产生的较小进给。

（8）切削厚度和功率组合方法   进给改变以保持指定的切削厚度或功率极限，取两者产生的较小进给。

8.5.3   切削优化特点

1）软件能够根据机床、刀具、切削材料等外部切削条件，对程序进给、转速进行优化。

2）软件根据切削材料体积自动调整进给率。当切削大量材料时，进给率降低；切削少量材料时，进给率相应地提高。根据每部分需要切削材料量的不同，优化模块能够自动计算进给率，并在需要的地方插入改进后的进给率。无需改变轨迹，优化模块即可为新的刀具路径更新进给率。

3）软件能够自动生成优化库，并且将刀具库中的刀具参数传输到优化库中。

4）自动比较优化前、后的程序，以及优化后节约的加工时间。

5）能够手工配置和完善优化库，使得刀具运动从开始空走刀到切入材料，再从离开材料回到起始点的每一个过程都可以优化。

8.5.4　切削优化运用

本节以"Vericut 仿真-第六章叶轮机构"中"叶轮粗加工"程序组（程序中使用 1 号刀具和 2 号刀具）为例说明。

1．添加刀具优化

1）双击项目树下的 加工刀具：刀具，弹出如图 8-72 所示界面，鼠标右击【刀具】，在快捷菜单中选择【增加毛坯材料】，弹出如图 8-73 所示对话框，单击【添加】按钮，弹出如图 8-74 所示的优化界面。

图 8-72　添加毛坯材料　　　　图 8-73　添加　　　　图 8-74　优化界面

2）在如图 8-74 所示的优化界面中，根据需求设定参数。【优化方法】选择"削厚&体积"，【优化】选择"所有切削"，如图 8-75 所示。【调整螺旋进给/角度】选择"螺旋进给下降调整"，如图 8-76 所示。

图 8-75　优化参数设定

3）在切削极限参数界面，根据厂商提供的刀具信息并结合实际生产需求设定参数。如设置刀具磨损切削时间、刀具磨损切削距离、刀具磨损切削体积等，如图 8-77 所示。

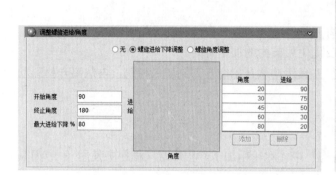

图 8-76　调整螺旋进给/角度设定

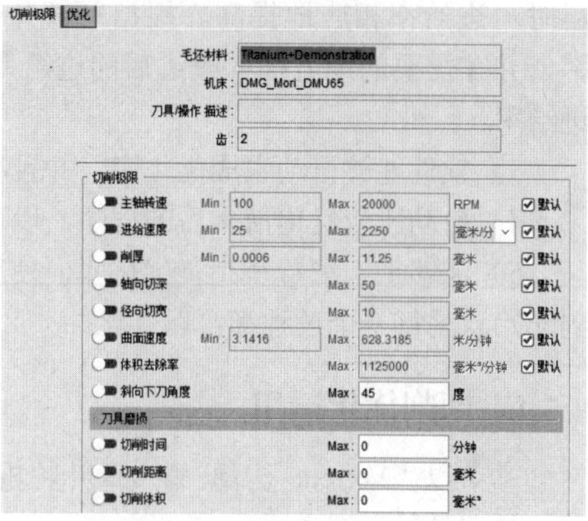

图 8-77　切削极限参数界面

4）同理设置 2 号刀具切削优化参数。

5）单击【刀具】|【保存文件】，保存文件。

2. 优化设置

在工具状态栏中，单击【优化】|【优化控制】，弹出【优化设置】窗口。【优化模式】选择"优化"，单击【优化的文件】中的 图标，弹出相应界面，找到保存项目的文件夹，在【文件】文本框中输入文件名"优化 001"，单击【确定】按钮，如图 8-78 所示。

3. 分析切削状态

在工具状态栏中，单击【信息】|【状态】|【开始仿真】按钮，如图 8-79 和图 8-80 所示。

图 8-79　开始仿真按钮

图 8-78　优化设置

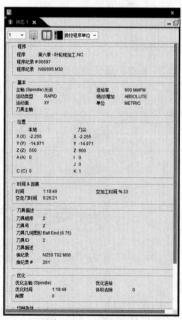

图 8-80　状态数据

4．对比切削优化前后的程序

在工具状态栏中，单击【优化】|【比较文件】，弹出【比较数控程序】窗口。【优化后数控程序】选择如图 8-78 所示设置的文件"优化 0.01.opti"；单击【比较】按钮即可对比程序，如图 8-81 所示。

图 8-81　比较数控程序

从比较数据中，初步可以看出进刀、退刀和空走刀得到了很好并且合理的优化。

第9章 特殊实例——口罩齿模编程与加工

【教学目标】

知识目标:

掌握四轴加工特点。

掌握四轴编程设置方法。

掌握辅助刀轨输出 CLSF 方法。

掌握刀轨驱动（CLSF）的编程方法。

掌握刀轨转曲线的编程方法。

掌握缠绕/展开曲线的使用技巧。

掌握（曲线）投影的使用技巧。

掌握曲线驱动的编程方法。

掌握多刀路参数设置方法。

掌握定轴、多轴编程里的刀轴使用技巧。

掌握变换刀具路径的方法。

能力目标：能运用 UG NX 软件完成口罩齿模的编程与后置处理、仿真加工和程序验证。

【教学重点与难点】

四轴加工特点；口罩齿模编程技巧；刀轨驱动（CLSF）的编程方法；刀轨转曲线编程方法。

口罩齿模二维
工程图

【本章导读】

如图 9-1 所示为口罩齿模三维图。

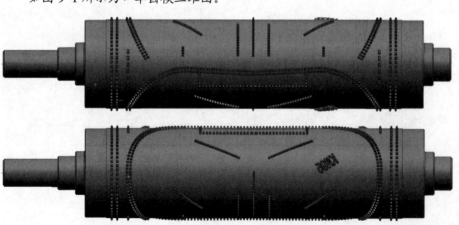

图 9-1　口罩齿模三维图

【本章实施】

制定合理的加工工艺，完成口罩齿模的刀具路径设置及仿真加工，将程序后置处理并导入 Vericut 验证。

9.1　工艺分析与刀路规划

1．加工方法

本例口罩齿模，使用四轴联动和 3+1 定轴编写粗、精加工程序。

2．毛坯选用

本例毛坯选用模具钢，由数控车把外形尺寸车削到位。

3．刀路规划

（1）A 加工程序

方法一：① 刀轨驱动—四轴联动粗加工，刀具为 ED8 平底刀。

方法二：① 刀轨转曲线—四轴联动粗加工，刀具为 ED8 平底刀。

② 刀轨转曲线—四轴联动粗加工，刀具为 ED4 平底刀。

（2）B 加工程序

① 加工鼻梁，刀具为 ED4 平底刀。

② 加工左右侧，刀具为 ED4 平底刀。

（3）C 加工程序

① 加工齿外边，刀具为 ED1-30 度锥度平底刀。

② 加工齿内边，刀具为 ED1-30 度锥度平底刀。

③ 加工齿之间，刀具为 ED1-30 度锥度平底刀。

④ 加工齿中间，刀具为 ED1-30 度锥度平底刀。

（4）D 加工程序

① 加工鼻梁外边，刀具为 ED1-30 度锥度平底刀。

② 加工鼻梁内边，刀具为 ED1-30 度锥度平底刀。

③ 加工长齿边，刀具为 ED1-30 度锥度平底刀。

④ 加工短齿边，刀具为 ED1-30 度锥度平底刀。

⑤ 加工斜长齿边，刀具为 ED1-30 度锥度平底刀。

⑥ 加工斜短齿边，刀具为 ED1-30 度锥度平底刀。

⑦ 加工两边短齿的边，刀具为 ED1-30 度锥度平底刀。

⑧ 加工侧边齿的边，刀具为 ED1-30 度锥度平底刀。

（5）E 加工程序

① 加工鼻梁左右齿，刀具为 ED1-30 度锥度平底刀。

② 加工鼻梁中间齿，刀具为 ED1-30 度锥度平底刀。

（6）F 加工程序

① 加工斜短齿，刀具为 ED1-30 度锥度平底刀。

② 加工斜长齿，刀具为 ED1-30 度锥度平底刀。

③ 加工中间长齿，刀具为 ED1-30 度锥度平底刀。

④ 加工中间短齿，刀具为 ED1-30 度锥度平底刀。

⑤ 加工两边短齿，刀具为 ED1-30 度锥度平底刀。

（7）G 加工程序

① 加工边缘齿斜边，刀具为 ED1-30 度锥度平底刀。

② 加工边缘齿，刀具为 ED1-30 度锥度平底刀。

（8）H 加工程序

加工侧边齿，刀具为 ED1.5-30 度锥度平底刀。

（9）I 加工程序

LOGO 粗加工，刀具为 ED1-30 度锥度平底刀。

（10）J 加工程序

LOGO 精加工，刀具为 ED0.5-30 度锥度平底刀。

9.2 创建几何体

进入加工环境。单击【文件（F）】，在【启动】选项卡中选择【加工】，在弹出的【加工环境】对话框中，按如图 9-2 所示设置，单击【确定】按钮。

9.2.1 创建加工坐标系

在当前界面最左侧单击工序导航器，空白处鼠标右击，在弹出的快捷菜单中，选择【几何视图】，单击【MCS_MILL】前的"+"可将其展开。双击 MCS_MILL 节点图标，弹出如图 9-3 所示的对话框，在【指定 MCS】处单击，弹出图 9-4 所示的对话框，然后拾点（0,0,0）建立加工坐标系，单击【确定】按钮。在【MCS 铣削】对话框的【参考坐标系】|【安全设置选项】中选择"圆柱"，【指定点】选择"任何一个端面圆心点"，【半径】输入"70"，如图 9-3 所示，其余默认，单击【确定】按钮。

图 9-2 进入加工环境

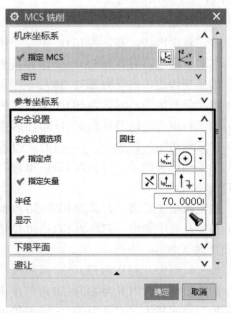

图 9-3 设置 MCS

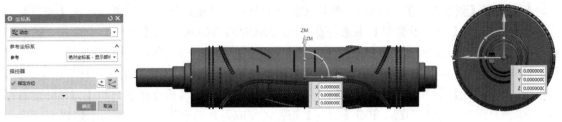

图 9-4　建立加工坐标系

9.2.2　创建工件几何体

单击【文件（F）】菜单，在【启动】选项卡中选择【 建模】，进入建模界面，单击【拉伸】 图标，弹出【拉伸】对话框，单击【选择曲线】，选择"直径 79.3mm 的曲线"，【指定矢量】选择"-XC"，开始输入"0"、结束输入"-269"，【布尔】选择"无"，【体类型】选择"片体"，如图 9-5 所示，单击【确定】按钮。接下来的编程操作都将多次使用此次拉伸的片体作为部件几何体（拉伸的片体可以起到提高计算速度的作用）。

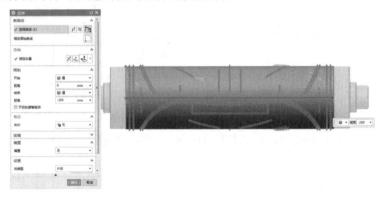

图 9-5　拉伸片体

单击工具栏【视图】|【移动至图层】，弹出如图 9-6a 所示的对话框，单击【选择对象】，选择拉伸的片体，单击【确定】按钮，弹出如图 9-6b 所示的对话框，【目标图层或类别】输入"3"，单击【确定】按钮。

图 9-6　移动图层

9.3　创建刀具

在工序导航器状态下，空白处鼠标右击，在弹出的快捷菜单中，选择【 机床视图】，在工具条中选择【创建刀具】 图标，弹出【创建刀具】对话框，如图 9-7 所示，在【类型】中选择 "drill"，在【刀具子类型】中选择 SPOTFACING_TOOL，在【名称】中输入 "辅助刀具"，单击【确定】按钮，弹出【铣刀_5 参数】对话框，如图 9-8 所示。在尺寸选项组中：【直径】输入 "10"，【尖角】输入 "89"，【长度】输入 "300"，【刀刃长度】输入 "15"。在编号选项组中：【刀具号】作为辅助刀具，故输入 "0"，【补偿寄存器】（长度补偿）和【刀具补偿寄存器】（半径补偿）都输入 "0"，单击【确定】按钮，完成刀具的创建（该尖刀用于创建 CLSF 刀轨文件编程）。

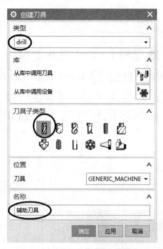

图 9-7　刀具参数设置

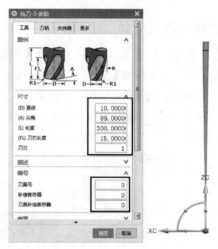

图 9-8　刀具参数设置

用同样方法创建其他刀具：ED8、ED4、D1-30 度锥度平底刀、ED0.5-30 度锥度平底刀、D1.5-30 度锥度平底刀。

9.4　创建工序

1）在工序导航器状态下，空白处鼠标右击，在弹出的快捷菜单中，选择【 程序顺序图】，在工具条中单击【创建程序】 图标，在【创建程序】对话框的【名称】文本框输入需要创建的程序组名称，例如 "辅助"，如图 9-9 所示，其余保持默认，单击【确定】按钮，完成程序组的创建。

图 9-9　创建程序组

2）用同样的方法继续创建 "A""B""C""D""E""F""G""H""I""J" 的程序组名称。

9.4.1　创建辅助加工程序方法 1（辅助刀轨 CLSF）

1）单击工具栏【视图】|【图层设置】，将 101 图层设为可见，在建模里面做好辅助线，该辅助线是由凸起的齿根线偏置 4mm（刀具的半径）而得，要用 8mm 的平底刀进行加工，如图 9-10 所示。

9.4.1

2）单击工具栏【视图】|【图层设置】，将 102 和 103 图层设为可见，在建模里面做好投影曲线和辅助体，如图 9-11 所示。在【投影曲线】对话框的【投影方向】|【方向】选择 "朝向直线"，单击【选择直线】，选择创建好的基准轴 "+XC"，如图 9-12 所示。

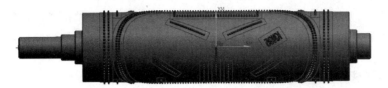

图 9-10　辅助线

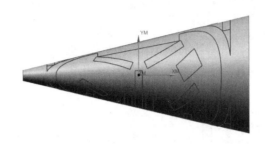

图 9-11　投影曲线与辅助体

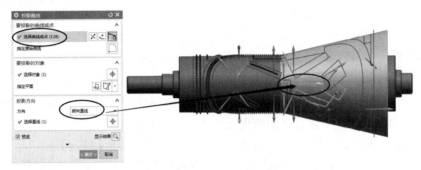

图 9-12　投影曲线

3）单击【菜单】|【插入】|【修剪】|【分割面】，弹出如图 9-13 所示的【分割面】对话框，【选择面】选择"锥度面"，【选择对象】选择"投影的曲线"，【投影方向】选择"垂直于面"，单击【确定】按钮。

4）单击【文件（F）】菜单，在【启动】选项卡中选择【加工】，在弹出的【加工环境】对话框中，按如图 9-14 所示设置，单击【确定】按钮。

图 9-13　分割面

图 9-14　进入加工环境

5）鼠标右击"刀轨辅助程序"程序组，在弹出的对话框中，单击【插入】|创建工序图标，弹出【创建工序】对话框，按如图 9-15 所示设置，单击【确定】按钮，弹出图 9-16 所示【固定轮廓铣】的对话框。

| 图 9-15 创建工序 | 图 9-16 固定轮廓铣 |

6）单击【指定切削区域】图标，弹出对话框，选择分割的面，如图 9-16 所示。

7）**方法一**：在【驱动方法】|【方法】中选择"区域铣削"，弹出如图 9-17 所示的对话框。在【非陡峭切削模式】中选择"跟随周边"，【刀路方向】选择"向外"，【步距】选择"恒定"，【最大距离】输入"1"，【步距已应用】选择"平面上"，单击【确定】按钮。

方法二：在【驱动方法】|【方法】中选择"区域铣削"，弹出如图 9-18 所示的对话框。在【非陡峭切削模式】中选择"径向往复"，【刀路中心】选择"指定"，【指定点】选择"端面的圆心"，【刀路方向】选择"向外"，【步距】选择"恒定"，【最大距离】输入"1.5"，单击【确定】按钮。

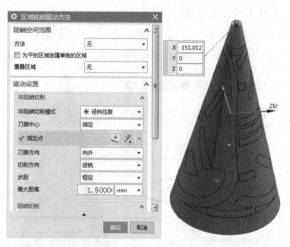

| 图 9-17 跟随周边 | 图 9-18 径向往复 |

温馨提示：① 方法一采用"跟随周边"，产生的刀具路径会随着齿模的形状而变化（稀疏或者紧密）。其优点是加工时间短；缺点是表面粗糙度差。注意，当【最大距离】输入"1.5"时，有些部位加工不到。

② 方法二采用"径向往复"，产生的刀具路径比较均匀和规律。其优点是表面粗糙度好；缺点是加工时间长。

8）在【刀轴】|【轴】中选择"指定矢量"，在【指定矢量】中选择"-XC"，如图 9-16 所示。

9）【切削参数】和【非切削移动】采用默认即可。

10）单击【进给率和速度】🔧图标，弹出【进给率和速度】对话框。在【进给率】|【快速】|【输出】中选择"G1-进给模式"，【快速进给】输入"1"（只要不与【切削】的值相同即可）。在【更多】|【进刀】中选择"快速"，【退刀】中也选择"快速"，其余参数默认，单击【确定】按钮，如图 9-19 所示。

11）单击📌生成图标，生成的刀具路径如图 9-20 和图 9-21 所示。

图 9-19　进给率和速度

图 9-20　跟随周边

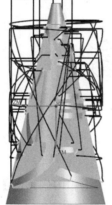

图 9-21　径向往复

12）选中本小节创建好的"方法 1-跟随周边"和"方法 1-径向往复"，单击如图 9-22 所示工具栏上的【更多】|【输出 CLSF】，弹出如图 9-23 所示的对话框，选择"CLSF_STANDARD"，【文件名】根据实际情况存储（本例文件名"第九章-口罩齿模-跟随周边"），单击【确定】按钮。

图 9-22　输出 CLSF

图 9-23　CLSF 刀位文件输出

9.4.2

9.4.2 创建 A 加工程序方法 1（刀轨驱动）

1）单击工具栏【视图】|【图层设置】，将 3 图层设为可见，在建模里面做好辅助面。

2）鼠标右击"A 方法 1—刀轨驱动"程序组，在弹出的快捷菜单中，单击【插入】|【工序】图标，弹出【创建工序】对话框，按照如图 9-24 所示设置，单击【确定】按钮，弹出【可变轮廓铣】对话框，如图 9-25 所示。

3）单击【指定部件】图标，选择图层 3 的片体作为部件。

4）在【驱动方法】|【方法】中选择"刀轨"，单击图标弹出如图 9-26 所示界面，选择"第九章-Example-口罩齿模-跟随周边.cls"文件，单击【确定】按钮。在【投影矢量】|【矢量】中选择"刀轴"，在【刀轴】|【轴】中选择"远离直线"，如图 9-25 所示。

图 9-24　创建工序　　　　图 9-25　可变轮廓铣　　　　图 9-26　选择 CLSF 文件

5）单击【非切削移动】图标，弹出【非切削移动】对话框，在【进刀】|【进刀类型】中选择"插削"，【高度】输入"6"，单位选择"mm"，如图 9-27 所示。在【转移/快速】|【安全设置选项】中选择"使用继承的"，如图 9-28 所示，单击【确定】按钮。

图 9-27　进刀　　　　　　　　　　图 9-28　转移/快速

6）单击【进给率和速度】图标，弹出【进给率和速度】对话框。【输出模式】选择"RPM"，在【主轴速度】中输入"3500"，在【进给率】|【切削】中输入"1000"，单击【确定】按钮。

7）单击生成图标，生成的刀具路径如图 9-29 所示。

注意：如在图 9-26 中选择"第九章-Example-口罩齿模-径向往复.cls"文件，生成的刀具路径如图 9-30 所示。

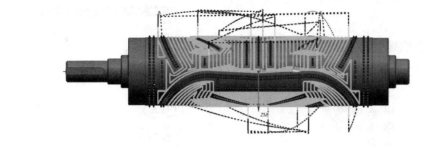

图 9-29　跟随周边刀具路径

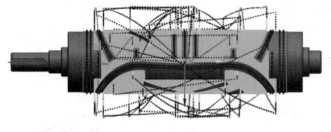

图 9-30　径向往复刀具路径

9.4.3　创建辅助加工程序方法 2（刀轨转曲线）

9.4.3

1）单击工具栏【视图】|【图层设置】，将 110 图层设为可见，在建模里面展开做好的辅助线，该辅助线是由凸起的齿根线而得，如图 9-31 所示。因为要用 8mm 和 4mm 的平底刀进行加工，所以将其分成 3 个区域。区域 1 使用 8mm 的刀具加工，如图 9-32 所示。区域 2 和区域 3 使用 4mm 的刀具加工，如图 9-33 所示。

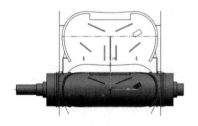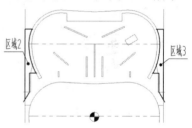

图 9-31　展开辅助线　　　　图 9-32　区域 1　　　　图 9-33　区域 2 和区域 3

2）鼠标右击"刀轨转曲线辅助程序"程序组，在弹出的快捷菜单中，单击【插入】|【工序】图标，弹出【创建工序】对话框，按照如图 9-34 所示设置，单击【确定】按钮，弹出【平面铣】对话框，如图 9-35 所示。

3）单击【指定部件边界】图标，选择如图 9-32 所示的区域 1 作为边界（注意：必须根据箭头的方向并且顺序选择线条）。单击【指定底面】图标，选择如图 9-36 所示的基准面作为底面。在【刀轨设置】|【切削模式】中选择"跟随部件"，【平面直径百分比】输入"40"，如图 9-35 所示。

4）单击【非切削移动】图标，弹出对话框，在【进刀】|【进刀类型】中选择"无"，如图 9-37 所示。在【退刀】|【退刀类型】中选择"无"（或者"与进刀相同"），如图 9-38 所示。在【转移/快速】|【安全设置选项】中选择"自动平面"，【安全距离】输入"0"，如图 9-39 所示，单击【确定】按钮。

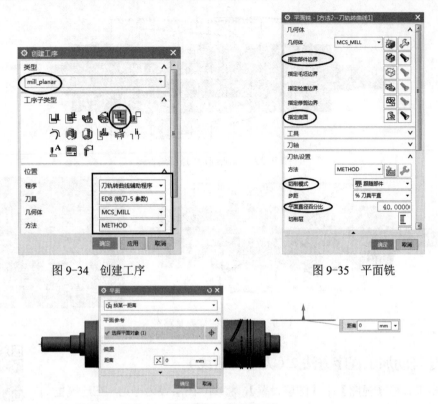

图 9-34　创建工序　　　　　　　　　　　图 9-35　平面铣

图 9-36　指定底面

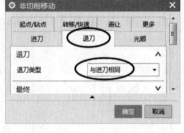
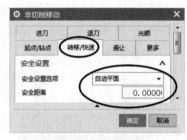
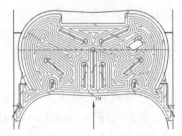

图 9-37　进刀　　　　　　　　图 9-38　退刀　　　　　　　　图 9-39　转移/快速

5）单击【进给率和速度】🔧图标，弹出【进给率和速度】对话框。【输出模式】选择"RPM"，在【主轴速度】中输入"3500"，在【进给率】|【切削】中输入"1000"，单击【确定】按钮。

6）单击▶生成图标，生成的刀具路径如图 9-40 所示。

7）同理设置参数，单击▶生成图标，生成的区域 2 和区域 3 刀具路径如图 9-41 所示。

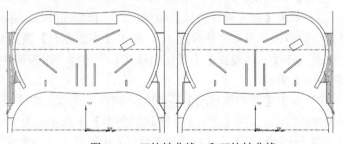

图 9-40　刀轨转曲线 1　　　　　　　　图 9-41　刀轨转曲线 2 和刀轨转曲线 3

8）分别输出点数据文件："第九章-Example-口罩齿模-刀轨转曲线 1"" 第九章-Example-口罩齿模-刀轨转曲线 2""第九章-Example-口罩齿模-刀轨转曲线 3"。例如鼠标右击"第九章-Example-口罩齿模-刀轨转曲线 1"，在弹出的快捷菜单中，选择【 后处理】，单击【浏览查找后处器】按钮，选择预先设置好的专用后处理"刀轨转曲线"，【文件名】输入程序路径和名称，单击【确定】按钮，如图 9-42 所示。

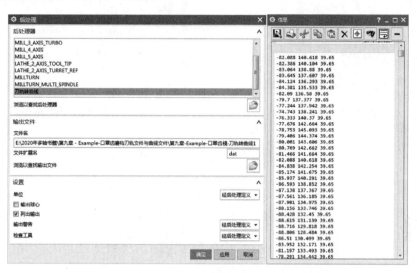

图 9-42　点数据文件

9）在 UG NX 界面左上角搜索栏输入"样条"，单击搜索符号 ，选择如图 9-43 所示的 样条，弹出如图 9-44 所示的对话框。

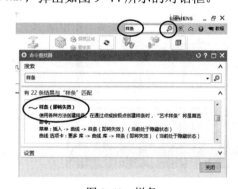

图 9-43　样条

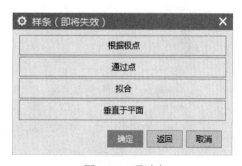

图 9-44　通过点

单击"通过点"，弹出如图 9-45 所示的对话框，【曲线次数】输入"1"，单击【文件中的点】，弹出如图 9-46 所示的对话框，分别选中"刀轨转曲线 1""刀轨转曲线 2""刀轨转曲线 3" 3 个数据文件，单击【OK】按钮，得到如图 9-47 所示的曲线。

10）单击【文件（F）】菜单，在【启动】选项卡中选择【 建模】，单击【菜单】|【插入】|【派生曲线】|【缠绕/展开曲线】，弹出【缠绕/展开曲线】对话框。类型选择"缠绕"，在【选择曲线或点】中分别选择"刀轨转成的曲线 1-2-3"，【选择面】选择"图层 3 拉伸的片体"，【平面】选择"创建的基准面"，如图 9-48 所示，该缠绕的曲线为下一步编程做准备。

图 9-45　样条

图 9-46　选择点位数据文件

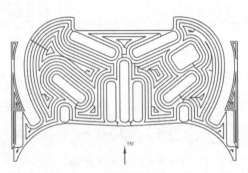

图 9-47　刀轨转成曲线 1-2-3

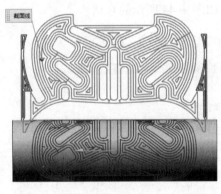

图 9-48　缠绕曲线

9.4.4　创建 A 加工程序方法 2（曲线驱动）

9.4.4～9.4.5

1）单击工具栏【视图】|【图层设置】，将 3 图层设为可见，在建模里面做好辅助面。

2）鼠标右击"A 方法 2—刀轨转曲线"程序组，在弹出的快捷菜单中，单击【插入】|【工序】 图标，弹出【创建工序】对话框，按照如图 9-49 所示设置，单击【确定】按钮，弹出【可变轮廓铣】对话框，如图 9-50 所示。

3）单击【指定部件】 图标，选择图层 3 的片体作为部件。

4）在【驱动方法】|【方法】中选择"曲线/点"，单击 ☝图标弹出如图 9-51 所示对话框，单击【选择曲线】，选择"缠绕的曲线 1"，单击【确定】按钮。

5）在【刀轴】|【轴】中选择"远离直线"，如图 9-50 示。

图 9-49 创建工序

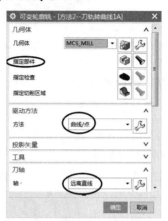

图 9-50 可变轮廓铣

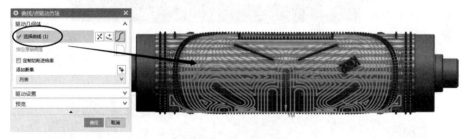

图 9-51 选择曲线

6）单击【非切削移动】 图标，弹出对话框，在【进刀】|【进刀类型】选择"顺时针螺旋"，【高度】输入"3"，单位选择"mm"，【斜坡角度】输入"5"，如图 9-52 所示。在【转移/快速】|【安全设置选项】中选择"使用继承的"，如图 9-53 所示，单击【确定】按钮。

图 9-52 进刀

图 9-53 转移/快速

7）单击【进给率和速度】 图标，弹出【进给率和速度】对话框。【输出模式】选择"RPM"，在【主轴速度】中输入"3500"，在【进给率】|【切削】中输入"1000"，单击【确定】按钮。

8）单击 生成图标，生成的刀具路径如图 9-54 所示。

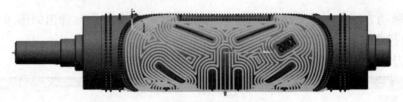

图 9-54　缠绕曲线 1 刀具路径图

注意：刀轨辅助方法与刀轨转曲线方法相比各有优点，但刀轨转曲线方法的进刀参数可以设置多样化，而刀轨辅助方法的进刀参数只能设置插削。

9）同理，加工刀具选择"ED4"，在【驱动方法】|【方法】中选择"曲线/点"，单击 ⚒ 图标，弹出如图 9-51 所示对话框，单击【选择曲线】，选择"缠绕的曲线 2"和"缠绕的曲线 3"，单击 ⊫ 生成图标，得到如图 9-55 和图 9-56 所示的刀具轨迹。

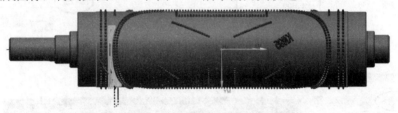

图 9-55　缠绕曲线 2 刀具路径图

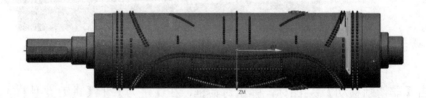

图 9-56　缠绕曲线 3 刀具路径图

9.4.5　创建 B 加工程序

1）单击工具栏【视图】|【图层设置】，将 3 和 4 图层设为可见，在建模里面做好辅助面和辅助线。

2）鼠标右击"B"程序组，在弹出的快捷菜单中，单击【插入】|【工序】 ⧉ 图标，弹出【创建工序】对话框，按照如图 9-57 所示设置，单击【确定】按钮，弹出【可变轮廓铣】对话框，如图 9-58 所示。

3）单击【指定部件】 ⬡ 图标，选择图层 3 的片体作为部件。

4）在【驱动方法】|【方法】中选择"曲线/点"，单击 ⚒ 图标，弹出如图 9-59 所示对话框，单击【选择曲线】，选择"图层 4 做好的辅助线"，单击【确定】按钮。

5）在【刀轴】|【轴】中选择"远离直线"，如图 9-58 示。

6）单击【切削参数】 ⧉ 图标，弹出如图 9-60 所示对话框，在【多刀路】|【部件余量偏置】中输入"2.2"，选中【多重深度切削】，【步进方法】选择"增量"，【增量】输入"0.3"，单击【确定】按钮。

图 9-57 创建工序

图 9-58 可变轮廓铣

图 9-59 多刀路

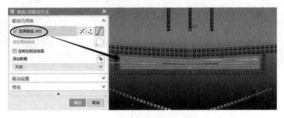

图 9-60 选择曲线

7) 单击【非切削移动】图标，弹出对话框，在【进刀】|【进刀类型】中选择"圆弧-相切逼近"，如图 9-61 所示。在【退刀】|【退刀类型】中选择"抬刀"，如图 9-62 所示。在【转移/快速】|【安全设置选项】中选择"使用继承的"，如图 9-63 所示，单击【确定】按钮。

8) 单击【进给率和速度】图标，弹出【进给率和速度】对话框。【输出模式】选择"RPM"，在【主轴速度】中输入"3500"，在【进给率】|【切削】中输入"1000"，单击【确定】按钮。

图 9-61 进刀

图 9-62 退刀

图 9-63 转移/快速

9) 单击 生成图标，生成的刀具路径如图 9-64 所示。

图 9-64 刀具路径图

同理，该刀具选择相对应的辅助线，加工其他部位，如图 9-65 所示

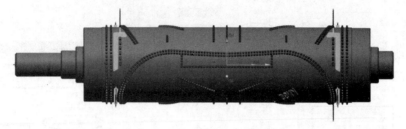

图 9-65　B 加工程序刀具路径图

其他加工程序的创建见教学视频，刀具路径图如图 9-66~图 9-73 所示。

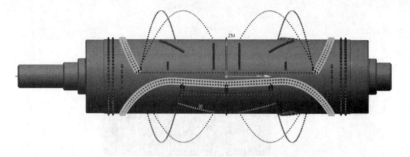

图 9-66　C 加工程序刀具路径图

创建 C 加工程序

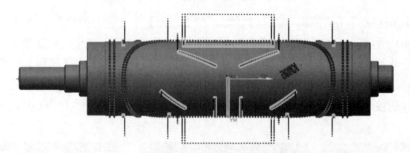

创建 D、E、F 加工程序

图 9-67　D 加工程序刀具路径图

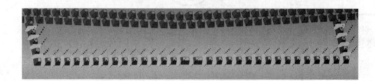

图 9-68　E 加工程序刀具路径图

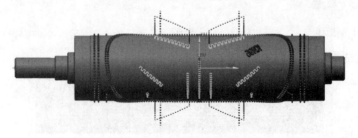

图 9-69　F 加工程序刀具路径图

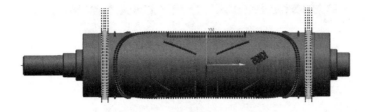

创建 G、H 加工
程序

图 9-70 G 加工程序刀具路径图

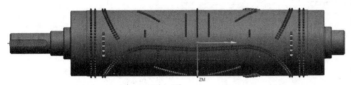

图 9-71 H 加工程序刀具路径图

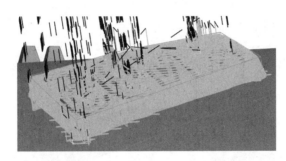

图 9-72 I 加工程序刀具路径图

创建 I、J 加工
程序

图 9-73 J 加工程序刀具路径图

9.5 后处理输出程序

分别输出"A""B""C""D""E""F""G""H""I""J"程序。例如鼠标右击"A",在弹出的快捷菜单中,选择【📠后处理】,单击【浏览查找后处器】按钮,选择预先设置好的四轴加工中心后处理"XYZA-4Axis",在【文件名】中输入程序路径和名称,单击【确定】按钮,如图 9-74 所示。

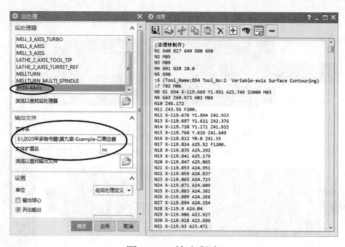

图 9-74　输出程序

9.6　Vericut 程序验证

将所有后置处理输出的程序，导入 Vericut8.2.1 软件，仿真演示结果如图 9-75 所示。

图 9-75　仿真演示结果

参 考 文 献

[1] 寇文化. 工厂数控编程技术实例特训（UG NX6 版）[M]. 北京：清华大学出版社，2011.

[2] 石皋莲，季业益. 多轴数控编程与加工案例教程[M]. 北京：机械工业出版社，2013.

[3] 杨胜群. VERICUT 数控加工仿真技术[M]. 2 版. 北京：清华大学出版社，2013.

[4] 张磊. UG NX6 后处理技术培训教程[M]. 北京：清华大学出版社，2009.

[5] 易良培. 张浩. UG NX 10.0 多轴数控编程与加工案例教程[M]. 北京：机械工业出版社，2016.